U0330581

地基处理四十年

龚晓南　周　建　俞建霖　主编

——中国土木工程学会土力学及基础工程学会地基处理学术委员会成立四十周年纪念文集

中国建筑工业出版社

图书在版编目（CIP）数据

地基处理四十年 : 中国土木工程学会土力学及基础工程学会地基处理学术委员会成立四十周年纪念文集 / 龚晓南，周建，俞建霖主编 . -- 北京 : 中国建筑工业出版社，2024. 7. -- ISBN 978-7-112-30111-9

Ⅰ. TU472-24

中国国家版本馆 CIP 数据核字第 20248AW174 号

责任编辑：杨　允
责任校对：赵　力

地基处理四十年
——中国土木工程学会土力学及基础工程学会地基处理学术委员会
成立四十周年纪念文集
龚晓南　周　建　俞建霖　主编

*

中国建筑工业出版社出版、发行（北京海淀三里河路9号）
各地新华书店、建筑书店经销
北京点击世代文化传媒有限公司制版
建工社（河北）印刷有限公司印刷

*

开本：787毫米×1092毫米　1/16　印张：13　字数：244千字
2024年7月第一版　2024年7月第一次印刷
定价：**149.00** 元

ISBN 978-7-112-30111-9
（43067）

前　言

1984 年春，中国土木工程学会土力学及基础工程学会决定成立地基处理学术委员会，至今已四十周年。为了纪念和回顾四十年的发展历程，我们编撰了这本纪念文集——《地基处理四十年》，回顾四十年来地基处理学术委员会的工作历程。

四十年来，在几代人的努力下，地基处理学术委员会成功举办 17 届全国地基处理学术讨论会、2 届全国复合地基理论与实践学术讨论会、2 次全国高速公路软弱地基处理学术讨论会，以及深层搅拌法设计施工经验交流会等全国性会议，举办几十次多种形式的地基处理技术培训班，组织编写《地基处理手册》第一至第三版，以及《桩基工程手册》第一、二版，出版发行《地基处理》刊物 34 年，组织专家为工程建设提供技术咨询服务编辑部，为我国地基处理技术的发展、普及和提高作出了有益的贡献。

这本纪念文集由 8 个部分组成，即：地基处理学术委员会简介，主要活动，学术讨论会和纪念活动，地基处理技术培训班，《地基处理》刊物，组织编写著作，历届委员会委员名单，部分地基处理单位介绍。试图从不同方面反映地基处理学术委员会走过的四十年历程。我相信，这本文集一定会唤起许多人的回忆。这四十年是我国地基处理技术蓬勃发展的四十年，也是几代人努力奋斗的四十年。

这本纪念文集旨在记录四十年来地基处理学术委员会和广大地基处理同行不断探索前进的脚步，纪念那些对地基处理技术的发展、对学会工作的贡献者，对他们的贡献表示钦佩和敬意。值此机会，我谨代表地基处理学术委员会，向长期支持学会工作的所有同行、支持学会工作的单位，致以真诚的感谢。如有补充材料请寄笔者，如再版可补充完善。同时，我们也希望此文集能使更多的人了解和支持地基处理学术委员会的工作，为繁荣发展我国地基处理技术而努力奋斗。

地基处理学术委员会秘书、浙江大学滨海和城市岩土工程研究中心俞建霖教授、周建教授为组织、收集该纪念文集的资料做了大量工作。在资料收集过程中得到了地基处理学术委员会新老委员、历次学术会议的组织者、广大同行的支持和帮助，感谢叶书麟、熊厚金、龚一鸣、郑尔康、黄茂松、叶观宝、刘松玉、白晓红、陈昌富、李光范、滕文川等专家教授提供的资料。在编撰过程中还有部分博士研究生和硕士研究生为校对、照片优化等做了大量工作。纪念文集在编写过程中还得到了众多学者和热心人士的大力支持和协助，谨在此一并表示感谢。

由于收集资料困难，限于能力和水平，纪念文集未能全面反映地基处理学术委员会的所有工作，对遗漏、错误之处，编者深表歉意，并请谅解。

龚晓南

中国工程院院士

2024 年 2 月

于浙江大学

目　录

一、地基处理学术委员会简介

为了适应我国工程建设对地基处理技术发展的需要，1983 年在武汉召开的中国土木工程学会第四届土力学及基础工程学术讨论会期间，中国土木工程学会土力学及基础工程学会决定成立地基处理学术委员会以加强地基处理领域的工作，并决定该学术委员会挂靠浙江大学。1984 年春中国土木工程学会土力学及基础工程学会地基处理学术委员会在浙江大学成立，根据土力学及基础工程学会的建议，由曾国熙教授担任学术委员会主任委员，铁道部科学研究院卢肇钧研究员（中国科学院学部委员）、上海市建工局叶政青教授、中国水利水电科学研究院蒋国澄研究员担任副主任委员，聘请全国各地的四十多位专家组成中国土木工程学会土力学及基础工程学会第一届地基处理学术委员会，并聘请浙江大学龚晓南、潘秋元、顾尧章担任学术委员会秘书。

根据土力学及基础工程学会的建议，中国土木工程学会土力学及基础工程学会地基处理学术委员会于 1991 年换届，由龚晓南教授担任第二届地基处理学术委员会主任委员。第二届地基处理学术委员会聘请曾国熙教授、卢肇钧研究员、武汉大学冯国栋教授担任顾问，聘请蒋国澄研究员、同济大学叶书麟教授、铁道部科学研究院杨灿文研究员、中国建筑科学研究院张永钧研究员、冶金部建筑研究总院王吉望研究员、上海基础公司彭大用研究员、第一航务工程局叶柏荣研究员、潘秋元教授担任副主任委员，并聘请潘秋元教授兼任学术委员会秘书。

中国土木工程学会土力学及岩土工程分会（1999 年改名）地基处理学术委员会还于 2000 年、2004 年和 2014 年换届，相继组成第三届、第四届和第五届地基处理学术委员会。第三届地基处理学术委员会聘请龚晓南教授担任主任委员，聘请卢肇钧研究员、曾国熙教授、冯国栋教授、蒋国澄研究员、叶书麟教授担任顾问，聘请王吉望研究员、铁道部科学研究院史存林研究员、上海港湾工程设计研究院叶柏荣研究员、同济大学叶观宝教授、北京市勘察研究院张在明研究员、张永钧研究员、中国水利水电科学研究院杨晓东研究员、彭大用研究员、潘秋元教授担任副主任委员，聘请浙江大学俞建霖副教授担任学术委员会秘书。第三届地基处理学术委员会还聘请了一批资深委员。第四届地基处理学术委员会继续聘请龚晓南教授担任主任委员，聘请卢肇钧研究员、曾国熙教授、冯国栋教授、蒋国澄研究员、叶书麟教授继续担任顾问，聘请福建省建筑科学研究院侯伟生研究员、中科院广州化学灌浆工程总公司邝健政研究员、冶金部建筑研究总院刘波研究员、史存林研究员、中国建筑科学研究院滕延京研究员、杨晓东研究员、叶观宝教授、张在明研究员、上海港湾工程设计研究院周国然研究员担任副主任委员，继续聘请俞建霖副教授担任学术委员会秘书。第四届地基处理学术委员会还聘请了一批资深委员。第五届地基处理学术委员会继续聘请龚晓南教授担任主任委员，聘请冯国栋教授、蒋国澄研究员、潘秋元教授、王吉望研究员、叶柏荣研究员、叶书麟教授、张永钧研究员担任顾问，聘请侯伟生研究员、东南大学刘松玉教授、滕延京研究员、长安大学谢永利教授、中科院广州化灌工程有限公司薛炜研究员、杨晓东研究员、中冶建筑研究总院有限公司杨志银研究员、中国铁道科学研究院叶阳升研究员、叶观宝教授、周国然研究员担任副主任委员，聘请俞建霖教授和周建教授担任学术委员会秘书。第五届地基处理学术委员会也聘请了一批资深委员。各届委员会组成情况详见第七部分介绍。

地基处理学术委员会成立以来，在几代人的努力下，相继在上海宝钢（1986）、山东烟台（1989）、河北秦皇岛（1992）、广东肇庆（1995）、福建武夷山（1997）、浙江温州（2000）、甘肃兰州（2002）、湖南长沙（2004）、山西太原（2006）、江苏南京（2008）、海南海口（2010）、云南昆明（2012）、陕西西安（2014）、江西南昌（2016）、湖北武汉（2018）、重庆（2021）、宁夏银川（2022）成功举办十七届全国地基处理学术讨论会，2024 年在黑龙江哈尔滨举办第十八届全国地基处理学术讨论会。地基处理学术委员会还分别在浙江杭州（1996）和广东广州（2012）成功举办两届全国复合地基理论与实践学术讨论会；1993 年在浙江杭州成功举办全国深层搅拌法设计、施工经验交流会；1998 年在江苏无锡成功举办全国高速公路软弱地基处理学术讨论会；2005 年在广东广州成功举办全国高速公路地基处理学术研讨会。除第一届全国地基处理学术讨论会未出版论文集，第二届全国地基处理学术讨论会胶印论文集外，每次学术讨论会均正式出版论文集。2005 年在广东广州举办全国高速公路地基处理学术研讨会，除出版会议论文集外，还在会前组织编写出版《高等级公路地基处理设计指南》。地基处理学术委员会还独立举办、配合中国土木工程学会和部分委员单位举办数十次多种形式的地基处理技术培训班。地基处理学术委员会组织全国专家编写《地基处理手册》第一至第三版（1988、2000、2008，中国建筑工业出版社），发行量达 12 万多册，还组织全国专家编写《桩基工程手册》第一、二版（1995、2016，中国建筑工业出版社）。1990 年地基处理学术委员会还与浙江大学土木工程学系合作出版发行《地基处理》刊物。地基处理学术委员会还努力组织专家为工程建设提供技术咨询服务。

地基处理学术委员会成立四十年来，通过上述一系列活动和几代人的努力，积极为我国地基处理技术普及和提高作出了自己的贡献。

二、主要活动

中国土木工程学会岩土工程分会地基处理学术委员会成立40年来主要活动如下：

1984年4月18—20日，地基处理学术委员会成立，地点：浙江大学；

1985年3月2—5日，《地基处理手册》编委扩大会，地点：浙江大学；

1986年10月12—16日，第一届全国地基处理学术讨论会，地点：上海宝钢；

1989年4月20—22日，《桩基工程手册》编写筹备会，地点：浙江大学；

1989年6月5—13日，地基处理技术培训班，地点：烟台；

1989年7月14—18日，第二届全国地基处理学术讨论会，地点：烟台；

1990年9月17日，《桩基工程手册》编委会核心组会议，地点：承德；

1990年10月，《地基处理》编辑部成立，《地基处理》创刊，地点：浙江大学；

1991年5月6—18日，地基处理技术培训班；

1991年6月20日，中国土木工程学会土力学及基础工程学会第二届地基处理学术委员会成立，地点：同济大学；

1991年6月24—26日，《桩基工程手册》编委会，地点：上海松江；

1992年4月24—28日，《桩基工程手册》协调统稿会，地点：舟山；

1992年6月15—22日，地基处理技术培训班，地点：秦皇岛；

1992年6月24—29日，第三届全国地基处理学术讨论会，地点：秦皇岛；

1992年11月1—9日，地基处理技术培训班，地点：杭州；

1992年11月10—14日，《地基处理手册》（第二版）编委扩大会，地点：千岛湖；

1993年10月17—24日，地基处理技术和复合地基理论学习班，地点：杭州；

1993年11月25—29日，深层搅拌法设计、施工经验交流会，地点：浙江大学；

1994年5月28—6月4日，地基处理技术和复合地基理论学习班，地点：杭州；

1994 年 10 月，纪念地基处理学术委员会成立十周年座谈会，地点：西安；

1995 年 5 月 26—6 月 2 日，地基处理技术和复合地基理论学习班，地点：杭州；

1995 年 12 月 5—9 日，第四届全国地基处理学术讨论会，地点：肇庆；

1996 年 5 月 26—6 月 2 日，地基处理技术和复合地基理论学习班，地点：杭州；

1996 年 12 月 11—13 日，全国复合地基理论与实践学术讨论会，地点：杭州；

1997 年 5 月 3 日—20 日，地基处理技术和基坑围护设计培训班，地点：杭州；

1997 年 10 月 7—12 日，第五届全国地基处理学术讨论会，地点：武夷山；

1998 年 5 月 9—17 日，地基处理技术和复合地基理论培训班，地点：杭州；

1998 年 11 月 30—12 月 3 日，全国高速公路软弱地基处理学术讨论会，地点：无锡；

1999 年 5 月 8—16 日，地基处理技术和基坑围护设计培训班，地点：杭州；

2000 年 10 月 31—11 月 3 日，第六届全国地基处理学术讨论会，地点：温州；

2002 年 8 月 19—26 日，第七届全国地基处理学术讨论会，地点：兰州；

2004 年 10 月 22—27 日，第八届全国地基处理学术讨论会，地点：长沙；

2005 年 12 月 7—9 日，全国高速公路地基处理学术研讨会，地点：广州；

2006 年 8 月 22—26 日，第九届全国地基处理学术讨论会，地点：太原；

2008 年 11 月 3—4 日，第十届全国地基处理学术讨论会，地点：南京；

2010 年 11 月 19—21 日，第十一届全国地基处理学术讨论会，地点：海口；

2012 年 8 月 27—29 日，第十二届全国地基处理学术讨论会，地点：昆明；

2012 年 9 月 27—28 日，第二届全国复合地基理论及实践学术讨论会，地点：广州；

2014 年 10 月 22—24 日，第十三届全国地基处理学术讨论会，地点：西安；

2016 年 11 月 18—20 日，第十四届全国地基处理学术讨论会，地点：南昌；

2018 年 10 月 19—21 日，第十五届全国地基处理学术讨论会，地点：武汉；

2021 年 5 月 7—9 日，第十六届全国地基处理学术讨论会，地点：重庆；

2022 年 8 月 26—28 日，第十七届全国地基处理学术讨论会，地点：银川。

三、学术讨论会和纪念活动

四十年来学术委员会已组织全国地基处理学习讨论会 12 次，专项学术讨论会 5 次，并组织多次其他活动。

1.1984 年，浙江大学，地基处理学术委员会成立

1983 年，中国土木工程学会第四届土力学及基础工程学术讨论会在武汉召开，会议期间中国土木工程学会土力学及基础工程学会决定成立中国土木工程学会土力学及基础工程学会地基处理学术委员会，并决定挂靠浙江大学，聘请曾国熙教授担任学术委员会主任委员。土力学及基础工程学会还建议了第一届委员会的组成，聘请铁道部科学研究院卢肇钧研究员（中国科学院学部委员），上海市建工局叶政青教授，北京水利科学研究院蒋国澄研究员担任副主任委员。

土力学及基础工程学会
地基处理学术委员会成员名单

曾國熙　浙江杭州 浙江大学土木系
葉正清　~~上海基础工程公司~~ 上海市建工局
蒋國澄　北京車公庄西路 水利科学研究院岩土所
卢肇钧　北京西外铁道科学研究院土工室
盛崇文　南京虎踞关34号南京水利科学研究所
张作瑂　北京車公庄西路水利科学研究院岩土所
裘景俊　北京
王志仁　河北
朱梅生　武昌相国铁道部第四设计院地路处
朱庆林　北京西外铁道科学研究院铁建所
吴肖茗　北京西外铁道科学研究院土工室
馮國棟　武昌珞珈山武汉水利学院土力学教研室
汪益基　武昌青山区武汉钢铁设计研究院
徐正分　河北保定東风路冶金部勘探技术研究所
王吉望　北京西外冶金建築研究总院
葉書林　上海四平路同济大学土力学教研室
范维垣　山西太原太原工学院土力学教研室
高有潮　福建福州福州大学
陳國靖　北京西外交通部公路研究所

铁道部科学研究院

涂光祉　西安冶金建築学院建工系地基基础教研室
平大党　北京東城山老胡同城乡建设部综合勘察院
張永钧　北京安定门外小黄庄建築科学研究院地基所
钱征　天津交通部第一航务工程局
高宏兴　上海交通部第三航务工程局科研所
王承樹　洛阳解放軍 89002 部队
………　浙江大学土木系
………　浙江大学土木系
彭大用

铁道部科学研究院

中国土木工程学会土力学及基础工程学会初步建议的地基处理学术委员会名单

中国土木工程学会

浙江大学：

为了适应我国各部门在基本建设工作中对地基处理科学技术发展和学术交流的需要，我会决定成立地基处理学术专门委员会，其任务是促进地基处理的研究和学术交流，组织有关专家学者共同总结成果和经验，编写地基处理手册，以供各部门参考应用。

经我会理事会讨论建议将这个委员会挂靠贵校并拟请贵校曾国熙教授担任这个委员会的主任委员，请大力支持为荷

主送：浙江大学

抄送：曾国熙教授

中国土木工程学会秘书处

1984年5月4日

中国土木工程学会土力学及基础工程学会给浙江大学的信函

1984 年地基处理学术委员会在浙江大学成立，并决定组织全国的地基处理专家编写《地基处理手册》和筹备召开第一届全国地基处理学术讨论会。

前排：曾国熙（右5）、卢肇钧（右6）、叶政清（右4）、蒋国澄（右2）、冯国栋（左4）、范维垣（右3）、潘秋元（右1）、顾尧章（左2）

2. 第一届全国地基处理学术讨论会

1986 年 10 月 12—16 日，地点：上海宝钢

1986 年 10 月 12 日至 16 日中国土木工程学会土力学及基础工程学会地基处理学术委员会主办的第一届全国地基处理学术讨论会在上海宝钢宝山宾馆召开。大会主席曾国熙先生和来自全国 150 多个单位的 232 名代表参加了这次会议，共收集论文 105 篇。除大会报告外，还分排水固结和土工织物，挤密法，强夯法，灌浆法，浅层处理、托换和测试技术五个小组进行专题报告及讨论。

会议期间地基处理学术委员会通过讨论决定，第二届全国地基处理学术讨论会于 1989 年在山东烟台召开。

中国土木工程学会地基处理学术委员会

"地基处理学术讨论会"征文通知

我会于1984年4月在杭州浙江大学正式成立。经研究决定于1986年9月中旬在上海（暂定）举行第一次全国性"地基处理学术讨论会"，以交流经验，提高我国地基处理技术水平。为此，特向全国有关地基处理的单位和个人征集学术论文。

一、论文内容分组：

会议分为四个专题，分组负责人如下：

1.排水固结组：

杭州　浙江大学土木系　潘秋元

2.挤（振）密组（包括振冲及强夯）

南京虎踞关　南京水利科学研究院　盛崇文

3.灌浆组（包括灌浆、旋喷及搅拌）

北京　水电部　水利水电科学研究院　张作瑂

4.综合组（包括浅层地基、基础托换、土工纤维、测试……等）

上海　同济大学地基教研室　叶书麟

二、征文要求：

1.应征论文力求体现我国地基处理最新成果和成熟经验，尤其欢迎新工艺、新技术、新材料的科研、设计、施工等内容，以及重大工程实例的总结等。

2.凡已在出版刊物或书报上公开发表过以及在全国性学术会议上公开交流过的论文，这次会议不再选用。

三、时间安排：

1.应征论文作者应写出论文的详细摘要，约1000字左右，不宜过简，按前述分组于1985年9月底前寄交该组负责人。

2.会议秘书组将于1985年年底前后对各位应征论文作者给予正式答复，确定该文是否入选参加会议交流。

3.入选论文作者将被优先考虑为正式代表（每文限一人）参加1986年9月举行的地基处理学术讨论会。

4.入选论文的作者应于1986年7月底以前寄全文250份给会议秘书组，並应于1986年5月底前先寄全文二份给该组负责人。

5.秘书组将于1986年8月上旬向正式代表发出会议通知。

6.地基处理学术讨论会暂定于1986年9月中旬举行。

四、会议期间，将举行小型展出活动，欢迎和邀请国内部份有关地基处理机械，设备、仪表、材料等厂商和施工企业展出产品和施工简介，广告宣传等。凡要求参加展出的单位，请在年内先向大会秘书组申请和联系。

五、大会秘书组由下列单位和人员组成：

上海市基础工程公司　彭大用

上海同济大学　叶书麟

浙江大学　龚晓南

中国土木工程学会地基处理学术委员会

会议秘书组（上海市基础工程公司代章）

1985年　月　日

第一届全国地基处理学术讨论会征文通知

会议筹备组：龚晓南、叶书麟、彭大用

第一届全国地基处理学术讨论会会议纪要

第一届全国地基处理学术讨论会于1986年10月12日至10月16日在上海宝钢宝山宾馆举行。历时五天。出席这次大会的代表来自全国各省市、各部委的代表共232人。提供大会学术交流的论文约100篇。

上海市建委副主任沈恭、全国土力学和基础工程学会理事长卢肇钧、上海市土木工程学会理事长孙更生出席了开幕式。并在大会上讲了话。地基处理学术委员会副主任委员叶政青致开幕词。叶政青在开幕词中回顾了地基处理学术委员会自84年成立以来完成的二件大事：第一。组织编写一本"地基处理手册"。现即将脱稿。86年11月可交出版社付印；第二。召开第一届全国地基处理学术讨论会，这就是这次学术讨论会的由来。开幕词中还回顾了国内外"地基处理"发展情况。以及地基处理技术发展水平。开幕词受到代表们的热烈欢迎。

整个会议由大会和小会相结合的形式进行。大会先请各专题负责人作专题报告，大会专题报告结束后分成五个专题组（一、排水固结和土工织物组；二、挤密法；三、强夯法；四、灌浆法；五、浅层处理、托换技术和测试技术）进行讨论和学术交流。并对各专题中重点问题进行百家争鸣，各抒已见。

大会还请宝钢工程师介绍宝钢建设中设计和施工过程的经验。深得到会同志的好评。

会议期间还组织了到会代表参观宝钢建设和上海市区顶管工程。

闭幕式上由各专题讨论负责人向大会介绍分组讨论内容。会上

~1~

还有地基处理学术委员会主任委员曾国熙、宝钢副总指挥陆肇基、同济大学教授俞调梅讲了话。地基处理学术委员会副主任委员蒋国澄在大会上致闭幕词。在闭幕词中，他肯定了这次学术讨论会所取得的成绩。达到了会议预期的效果。活跃了学术气氛。推进了学科发展。在会上他还宣布了地基处理学术委员会今后工作的打算：一、初步定于89年在烟台召开第二届全国地基处理学术讨论会。二、将《地基处理手册》的内容，组织有关专家到全国各地举行短期讲学。以便推动"地基处理"这门新技术在国内广泛发展。三、这次会后准备对会议提供的论文进行选编。会上还对这次大会的筹备单位：宝钢指挥部、上海市基础工程公司、浙江大学和同济大学对大会所作贡献，表示感谢。

到会代表始终保持热烈情绪。并对下届会议提出改进意见。

中国土木工程学会土力学及基础
工程学会地基处理学术委员会

1986.10.18

~2~

第一届全国地基处理学术讨论会会议纪要

会议合影

3. 第二届全国地基处理学术讨论会

1989 年 7 月 14—18 日，地点：烟台

第二届全国地基处理学术讨论会于 1989 年 7 月 14 日至 18 日在烟台化工建设技术培训中心召开。来自全国土建、水利、铁道、交通、高等院校等各条土木工程战线上的科研、设计、勘察和施工老、中、青科技工作者 200 余人参加了学术讨论会。

地基处理学术委员会副主任委员叶政青教授主持开幕式，主任委员曾国熙教授致开幕词，中国土木工程学会土力学及基础工程学会理事长卢肇钧研究员等在开幕式上致辞，浙江大学龚晓南教授向大会报告了会议的筹备经过。这次学术讨论会会前组织胶印了第二届全国地基处理学术讨论会论文集。论文集共收录论文 130 篇。开幕式后举行大会发言，由全国各地高等院校、科研和设计等单位 10 位教授、研究员和高级工程师在大会上作了专题报告。大会报告后进行分组宣读论文和讨论。

论文分组报告会分 9 个组进行：(1) 振冲法和挤密法；(2) 石灰桩法；(3) 高压喷射法和深层搅拌法；(4) 排水固结法；(5) 桩基础；(6) 灌浆法，托换技术及纠偏技术；(7) 土工聚合物；(8) 强夯法；(9) 计算方法及综合论述。参加学术讨论会的交流论文 139 篇。分组报告后各组召集人在大会上作了综合发言，向大会汇报了分组报告及讨论的主要内容及情况。

地基处理学术委员会副主任蒋国澄研究员主持了闭幕式，叶政青副主任致闭幕词，会议于 18 日圆满结束。

这次大会专题报告和提交大会的论文反映了 1986 年第一届全国地基处理学术讨论会以来我国地基处理领域的发展情况。大会总结、交流了这几年得到改进和发展的各种地基处理新技术，地基处理的新鲜经验，新的计算方法。从中可以看到无论是在理论上，还是在推广应用上，我国地基处理的技术水平都有了很大的提高。

地基处理学术委员会在会议期间举行了两次委员会委员会议，回顾了学会自 1984 年成立以来的主要工作，着重讨论了委员会下阶段的工作。1984 年成立以来学会组织编写出版了《地基处理手册》，成立了学会咨询部，举办了地基处理学习班，学会受中国建筑工业出版社委托组织编写《桩基工程手册》，创造条件筹备创办一个推广普及地基处理方法技术的刊物。此外，委员会议还对《建筑地基处理技术规范》(征求意见稿) 进行了讨论。

第二届全国地基处理学习讨论会得到化工部烟台化工建设技术中心等单位的大力帮助，第三届全国地基处理学术讨论会计划于 1992 年在河北秦皇岛召开。

主席台

开幕式曾国熙致辞

叶政青致辞

卢肇钧致辞

承办单位曾昭礼致辞

龚晓南报告会议筹备情况

蒋国澄主持闭幕式

研讨会现场

研讨会现场

小组报告会

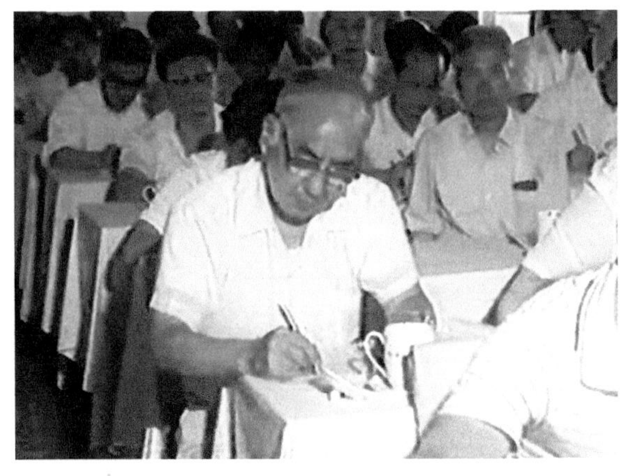

研讨会现场

研讨会现场

左起：朱庆林、龚晓南、蒋国澄、曾国熙等

左起：沈克力、曾国熙、龚晓南、俞仲泉

汪益基（左 2）、叶书麟（左 3）、涂光祉（左 4）、林彤（右 2）、叶观宝（右 1）

左起：陈仲颐、许惟杨、施履祥、叶政清、叶书麟

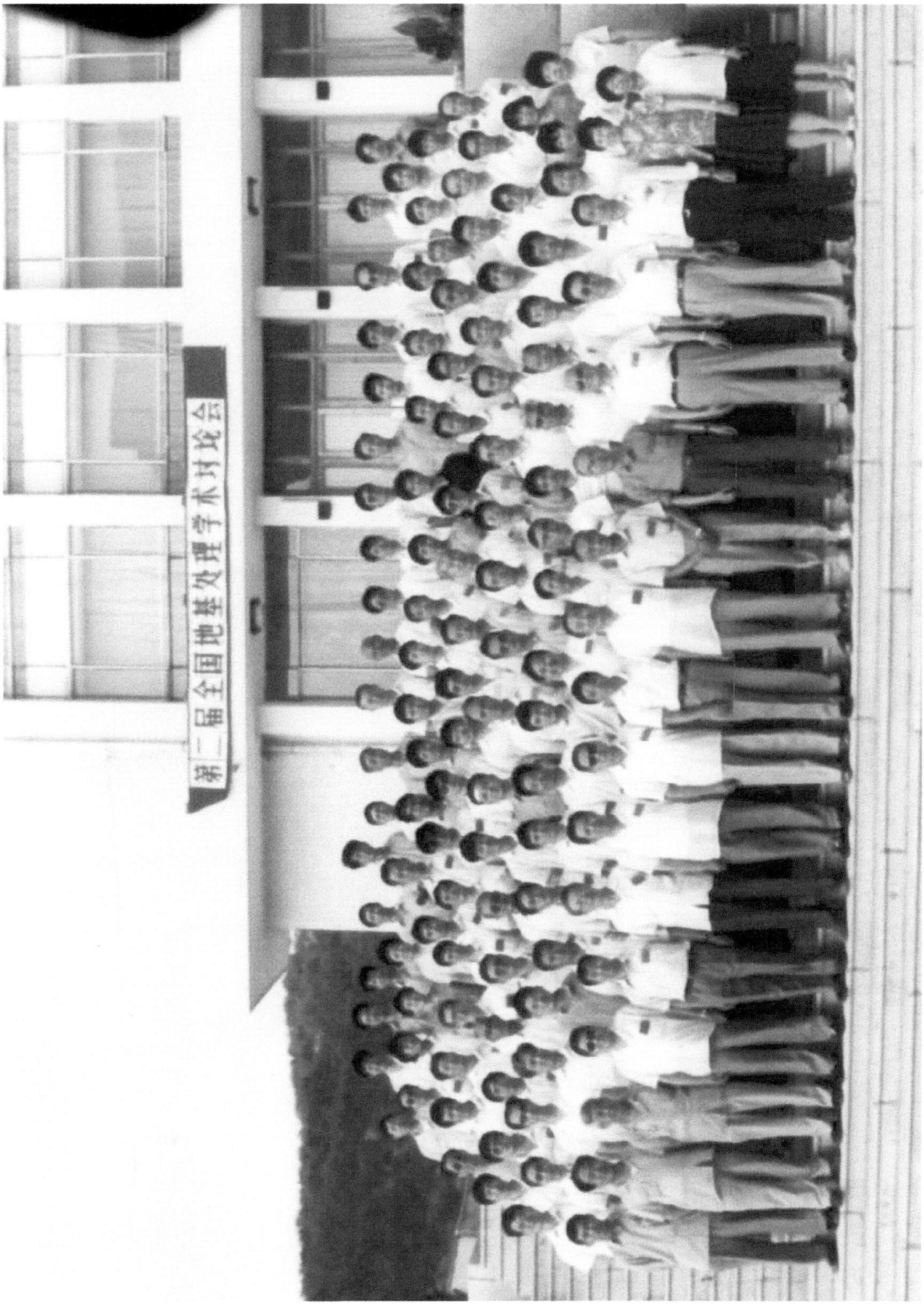

大会合影之一

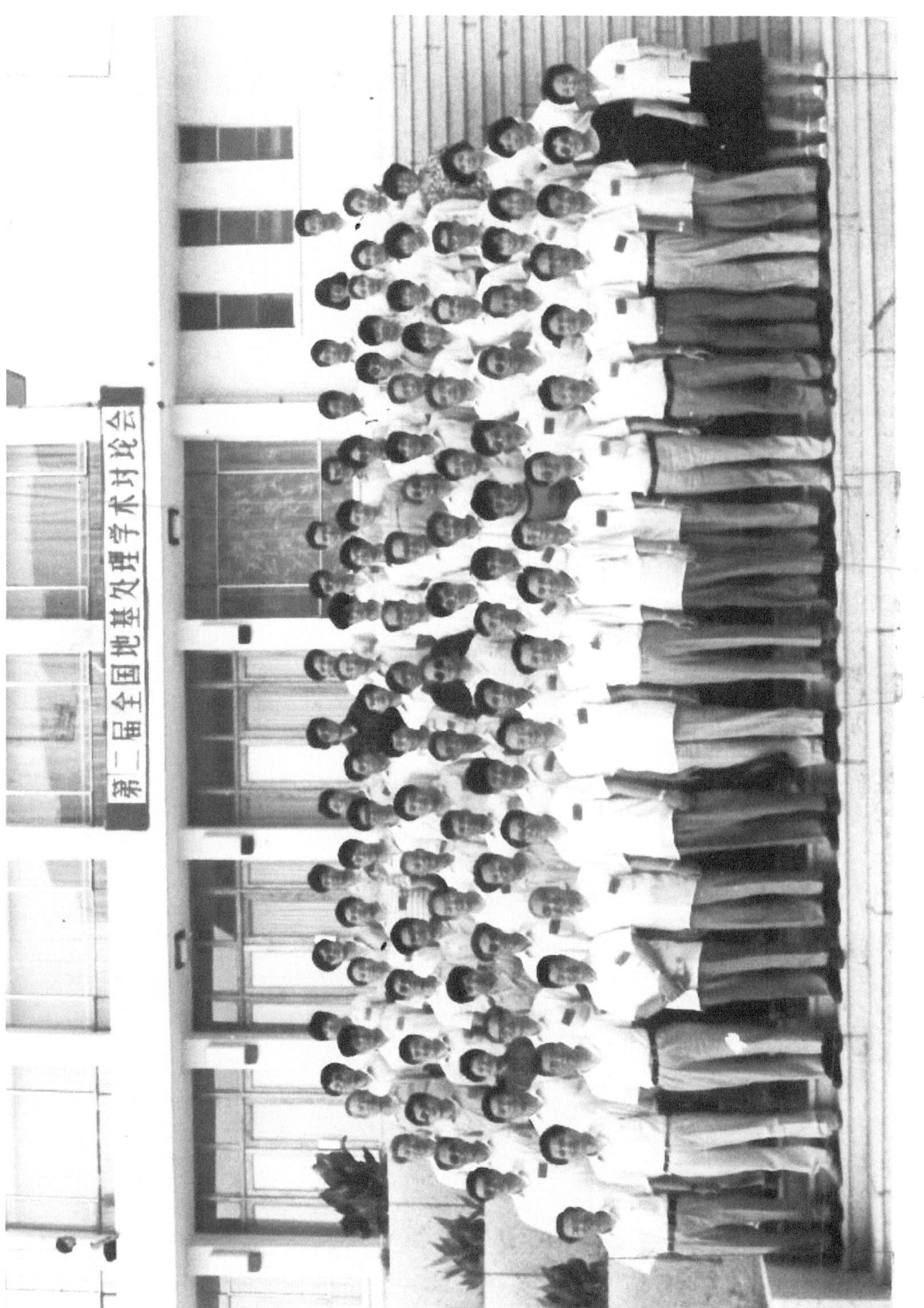

大会合影之二

4. 第三届全国地基处理学术讨论会

1992 年 6 月 24—29 日，地点：秦皇岛

中国土木工程学会土力学及基础工程学会第三届地基处理学术讨论会于 1992 年 6 月 25 日至 29 日在河北秦皇岛市举行，地基处理学术委员会主任委员龚晓南教授任大会主席。来自全国 23 个省市的设计、施工、科研、勘察等单位和大专院校的代表共 300 多人出席了会议。

会议资助单位有：秦皇岛建筑设计研究所，深圳市第一建筑工程公司地基处理中心，河北省秦皇岛市第二建筑工程公司，北京大兴地基工程公司，交通部公路科学研究所，中科院广州化学研究所化学灌浆公司，深圳市建筑科学中心地基基础研究室，河北新河钻机厂，上海市隧道工程公司，上海市基础工程公司，交通部第三航务工程局科研所，江阴振冲器厂，陕西机械化工程公司，冶金部建筑研究总院宝钢工作队，京冶地基基础技术公司，承德市轻工业机械厂，武汉地基处理中心，宜兴基础工程公司，山东省水利科学研究所灌浆科研生产联合体，萧山市江南基础工程公司，上海特种基础工程设计所，辽宁省建筑工程机械施工公司岩土工程分公司，浙江大学岩土工程研究所等。

会议应征论文 200 篇左右，经审查编入论文集 158 篇，分 16 部分，合计：专题报告 8 篇；浅层处理 3 篇；排水固结 8 篇；高压喷射注浆法 5 篇；灌浆法 8 篇；碎石桩法 36 篇；强夯法 6 篇；挤密桩法 10 篇；土工聚合物 6 篇；石灰桩法 4 篇；热加固法 1 篇；低强度等级混凝土桩复合地基法 3 篇；刚性桩复合地基法 5 篇；纠偏加固 10 篇；桩基 9 篇；一般理论及其他 14 篇。

在会上查振衡、韩杰、吴廷杰、叶柏荣、张永钧、王吉望、朱向荣、叶书麟、杨灿文、龚晓南、贾宗元等分别作了“高压喷射注浆防渗技术”“碎石桩加固技术”“干振碎石桩加固地基的工艺及机理”“水泥深层搅拌桩支护结构的研究与应用”“建筑地基处理技术规范简介”“地基处理工程的成功与失误”“软基沉降计算方法的改进及应用”“托换技术综述”“土工合成材料在铁路工程中的应用”“复合地基理论概要”“控制沉降量的复合桩基在地基处理中的应用”等报告。

会议分为四个小组进行了分组报告和讨论，这次会议是在我国基本建设蓬勃发展的大好形势下召开的。在各地建设中，特别是在沿海开放城市的建设中，遇到越来越多的不良地基问题，地基处理任务日趋繁重。地基处理是否恰当关系到整个工程的质量、进度和投资。会议论文基本上反映了我国地基处理技术应用状况和发展水平。这次会议对于提高我国地基处理技术起到了促进作用。会议确定下届会议在广东肇庆召开。

开幕式

杨灿文致辞

潘秋元介绍会议日程

叶书麟作报告

叶柏荣作报告

王吉望作报告

龚晓南作报告

查振衡作报告

朱向荣作报告

左起：汪益基、龚晓南

左起：潘秋元、王仁兴、叶柏荣、何广讷、龚晓南、刘一林

左起：邱荣诚、熊厚金、龚晓南、邝健政、邝显光、王啟铜

左起：耿林、白玉堂、龚晓南、李国威

5. 深层搅拌法设计与施工经验交流会

1993 年 11 月 26—29 日，地点：杭州

深层搅拌法（包括浆液喷射深层搅拌法和粉体喷射深层搅拌法）那几年在我国软黏土地基加固中得到广泛应用，为了总结、交流我国在深层搅拌法应用和理论研究方面的新经验，促进深层搅拌法应用水平进一步提高，地基处理学术委员会与部分长期从事深层搅拌法施工、科研、设计以及深层搅拌机械生产厂家共同组织的深层搅拌法设计与施工经验交流会于 1993 年 11 月 26 日至 29 日在杭州浙江大学召开。会议主席为龚晓南教授，会议组织单位为：中国土木工程学会土力学及基础工程学会地基处理学术委员会、冶金工业部建设研究总院地基及地下工程研究所、福建省建筑科学研究所、天津市勘察院、交通部第三航务工程局科学研究所、天津港湾工程研究所、浙江省综合勘察研究院、瑞安市昌盛建筑工程机械厂、浙江省有色地质综合勘察公司、浙江省临海市第一建筑工程公司、中科院广州化学研究所化学灌浆公司、浙江大学岩土工程研究所等。

左起：王伟堂、龚晓南、乐子炎、窦宜、朱庆林、曾国熙、李明逵、熊厚金、潘秋元、邝健政

1993年深层搅拌法设计、施工经验交流会开幕词

龚晓南
（浙江大学土木工程学系 310027）

各位代表、各位领导：

你们好！

首先让我代表中国土木工程学会土力学及基础工程学会地基处理学术委员会和会议组委会向来自全国各地的会议代表，向应邀出席开幕式的各位领导表示热烈的欢迎和衷心的感谢。感谢你们对学会工作的支持，感谢你们对地基处理事业发展所做的贡献。

深层搅拌法在我国应用已有15年历史，时间并不算长，但发展很快，特别是近几年来，为了满足我国蓬勃发展的基本建设的需要更加速了发展。深层搅拌法是通过深层搅拌机沿深度将固化剂与地基土强制拌和形成桩体加固地基的方法，主要适用于加固淤泥、淤泥质土和含水量较高的地基承载力标准值不大于 120kpa 的粘性土、粉土等软土地基，它具有无振动、无污染、工效高、成本低等优点。近几年来在我国主要应用于下述几个方面：（1）形成复合地基应用于民用与工业建筑地基、堆场地基、高速公路、铁路地基和机场跑道地基以及油罐、水池等构筑物地基；（2）形成支挡结构物用于基坑支护工程，管道支护工程；（3）形成防渗帷幕；（4）防止基坑底部隆起，增大桩侧摩阻力及桩端反力等其他方面。在日本著名的东京湾横断道路海底淤泥加固、东京一名古屋高速公路改建工程中软土地基加固均采用了深层搅拌法。无论是浆液喷射深层搅拌法，还是粉体喷射深层搅拌法应用范围愈来愈广，发展非常迅速。深层搅拌法在推广使用过程中，也发生了个别工程质量不好，甚至加固失败这样那样一些问题，有的是设计方面的问题，有的是施工质量没有保证，更多的是对地基地层情况了解不够清楚，使用深层搅拌法有盲目性。这种情况在新技术的推广应用过程中虽说是难以避免的，但要引起重视。要及时总结经验教训提高我们的认识水平，从必然王国走向自由王国。为了总结、交流深层搅拌法在施工机械、施工工艺、设计理论等方面的经验和教训，把我国深层搅拌法提高到一个新的水平，地基处理学术委员会在去年秦皇岛会议期间决定发起并会同部分单位召开这次深层搅拌法设计、施工经验交流会（杭州，1993）。提供一次机会让从事深层搅拌设计、施工、科研以及机械厂家的同志会聚一堂互相交流、达到总结新鲜经验，推广新技术的目的。

参加这次会议的代表主要来自长期从事深层搅拌法施工的基础公司、企业集团，从事深层搅拌机械生产的工厂，来自设计单位、企业单位以及科研单位和高等院校。还有不少是各地建委的领导同志。会议代表约150人。会议第一阶段是大会报告，时间1天，第二阶段分组报告，分二个会议室，第一会议室主要是工程应用方面论文，第二会议室上午是水泥土的基本性状和质量管理方面的论文，下午是施工机械介绍。第三阶段分组讨论，计划分5组：（1）工程应用甲组—水泥支挡结构；（2）工程应用乙组—深层搅拌桩复合地基及其他方面应用；（3）深层搅拌机械；（4）深层搅拌施工工艺及质量管理，（5）水泥土基本性状，第四阶段大会交流发言。我相信通过报告、讨论、交流，通过来自施工、设计、科研、教学方面的同志，还有建委领导同志，相互交流，互相学习，在上述几个方面认识水平一定能有较大的提高。

最后让我代表中国土木工程学会土力学及基础工程学会地基处理学术委员会向参加这次会议筹备的单位，向会议资助的单位，向应邀为大会撰写专题报告的专家，向论文作者，向为会议服务的同志表示衷心的感谢。

预祝会议取得圆满成功！

祝代表们身体健康！

谢谢！

交流会开幕词（刊于《地基处理》第5卷第1期）

第5卷第1期（总14） 地 基 处 理 1994年3月

深层搅拌法设计施工经验交流会（杭州，1993）会议纪要

为了总结、交流我国在深层搅拌法应用和理论研究方面的新鲜经验、促进深层搅拌法应用水平进一步提高，中国土木工程学会土力学及基础工程学会地基处理学术委员会会同部分单位于1993年11月26日至29日在杭州浙江大学召开深层搅拌法设计、施工经验交流会。来自全国各地土建、水利、交通和铁道等部门的150名代表参加了会议。

会议包括开幕式、大会特邀报告、分组报告、分组讨论、大会汇报发言、闭幕式等阶段，会议期间部分代表还参观了杭州地区一深层搅拌法施工现场。

开幕式由大会副主席铁道部第四勘测设计研究院白日升教授级高工主持，大会主席浙江大学龚晓南教授致开幕词。他首先代表中国土木工程学会土力学及基础工程学会地基处理学术委员会和大会组委会向来自全国各地的代表表示欢迎，感谢代表们为深层搅拌法在我国发展所作的贡献。然后回顾了深层搅拌法在我国的发展过程。总结了深层搅拌法在我国的应用情况，取得的成绩和存在的问题。在开幕词中他还代表学会向为会议召开作出贡献的筹备单位和资助单位表示感谢。浙江省土建学会理事长魏廉教授、浙江大学曾国熙教授、浙江大学副校长吴世明教授在开幕式上讲了话。

大会特邀报告内容包括：粉体喷射搅拌法的应用（铁四院白日升），水泥土搅拌桩在深基坑支挡工程中的应用（同济大学蔡伟铭），各种类型水泥搅拌桩支护的工程实例及应注意的问题（三航局科研所叶柏荣），深层水泥搅拌法质量管理（浙江大学卞守中），水泥系深层搅拌法水泥土强度特性与工程应用（天津港湾工程研究所杨国强），淤泥中有机质对水泥土强度影响初探（福建省建科所邓剑涛），我国第一代深层水泥拌和（CDM）船（交通部一航局蔡刚），深层搅拌法在我国的发展（浙江大学龚晓南）。大会特邀报告后，龚晓南教授汇报了中国土木工程学会赴日高速公路、高速铁路地基处理技术考察团在日本考察情况。

分组报告分二组进行，论文报告包括四个方面的内容：水泥土桩复合地基（主持人：杨洪斌、詹佩耀）、水泥土支挡结构（主持人：郭志业、林琼）、水泥土基本性质及一般理论和质量管理（主持人：卞守中）、施工机械（主持人：张玖、彭文）。

分组讨论分四个组：水泥土支护结构（主持人：叶柏荣），复合地基及其他（主持人：方永凯、王盛源），质量管理（主持人：龚一鸣、卞守中），施工机械（主持人：张玖、王仁兴）。

大会自始至终学术气氛很浓，分组报告和分组讨论阶段，讨论很热烈，代表们就深层搅拌法推广应用过程中遇到的问题充分交换了意见，对喷浆深层搅拌法和喷粉深层搅拌法的优缺点，对各种深层搅拌机的优缺点作了实事求是的分析、对水泥土支挡结构和水泥土桩复合地基设计计算作了深入的讨论分析，对深层搅拌法的施工工艺、质量管理作了总结，对目前在深层搅拌法推广应用中发生的问题作了认真的分析，特别是对如何进一步发展，提出了许多有益的意见。来自施工、设计、科研和机械生产厂的代表都说收益非浅。

大会汇报发言由深圳市建筑技术中心张咏梅教授级高工主持，三航局科研所叶柏荣教授级高工、广东省航道科研所王盛源教授级高工、浙江大学卞守中高级工程师、江阴振冲器厂张玖厂长代表四个组作了大会汇报发言。

闭幕式由大会秘书长浙江大学潘秋元教授主持，白日升教授级高工致闭幕词，他对大会作了总结，他说这次会议开得非常成功，会议期间总结了深层搅拌法工程应用、设计理论、质量管理、施工机械方面的经验，对如何进一步提高设计水平、施工质量，加强质量管理，如何发展施工机械提出了许多很好的意见和建议，这次会议必将推动我国深层搅拌法进一步发展。最后他向会议筹备单位、资助单位和为大会服务的同志再次表示感谢。龚晓南教授介绍了会议期间关于成立地基处理杂志社和地基处理协作网座谈会的情况，以及中国土木工程学会土力学及基础工程学会地基处理学术委员会1994年工作的一些设想。

深层搅拌法设计与施工经验交流会论文集——《深层搅拌法设计与施工》已由中国铁道出版社出版，由地基处理学术委员会（310027）浙江大学土木系岩土工程研究所）发行。为了推广深层搅拌法，由中国土木工程学会土力学及基础工程学会地基处理学术委员会监制，浙江大学电教中心和浙江大学岩土工程研究所合作制作了录像带——地基处理系列片（一）深层搅拌法设计与施工，由地基处理学术委员会发行。

交流会会议纪要（刊于《地基处理》第5卷第1期）

6. 地基处理学术委员会成立十周年（1994 年）

第5卷第2期(总15)　　地 基 处 理　　1994年6月

地基处理在我国的发展

—祝贺地基处理学术委员会成立十周年

龚晓南
（浙江大学土木工程学系　杭州　310027）

改革、开放迎来了我国基本建设持续高速发展阶段。开发区建设、新住宅区兴建、旧城改造、高速公路、机场、电厂、港口、…兴建，东西南北中，神州大地到处大兴土木。建设规模日益扩大，难度也不断提高。土木工程功能化、交通高速化、城市建设立体化成为现代土木工程的特征。从而对地基提出了愈来愈高的要求，工程建设中遇到不良地基问题日益增多。地基处理已成为土木工程中最活跃的领域之一。在这种形势下，地基处理在我国得到了飞速发展。

地基处理的发展可以从下述三个方面来反映：

1．　地基处理技术普及和提高

地基处理技术在普及和提高两个方面发展都很快。为了满足工程建设的需要，我国引进和发展了多种地基处理新技术。例如：1978年引进强夯法技术和1977年引进深层搅拌法技术等。到目前为止，可以说，国外有的地基处理方法，我国基本上都有。不仅引进了新的处理方法，也引进了新的处理机械，新的处理材料和新的施工工艺。各地还因地制宜发展了许多适合我国国情的地基处理技术，取得了良好的经济效益和社会效益，如低强度桩复合地基技术等。地基综合处理能力提高很快。近些年来，越来越多的土木工程技术人员了解和掌握了各种地基处理技术、地基处理设计方法、施工工艺、检测手段。并在实践中应用。与土木工程有关的高等院校、科研单位逐步加强力量开展地基处理技术的研究、开发、推广和实践。从事地基处理的专业施工队伍不断增多。地基问题处理得恰当与否、关系到整个工程质量、投资和进度，其重要性已越来越多地被人们所认识。

通过实践，人们对各种地基处理方法的优缺点有了进一步了解，对合理的地基处理规划程序有了较深刻的认识，在根据工程实际选用合理的地基处理方法上减少了盲目性。能根据工程实际情况，因地制宜，选用技术先进、经济合理的地基处理方案，并能注意综合应用各种地基处理技术，使方案选用更为合理。地基处理技术应用水平提高很快，因地基处理方案选用不当而造成浪费和工程事故呈减少趋势。

由于工程实践需求的推动，地基处理领域的著作和刊物的出版，各种形式的学术讨论会、地基处理技术培训班的举行，促进了地基处理技术的普及，也促进了地基处理技术的提高。

2．　地基处理队伍不断扩大

地基处理迅猛发展反映在地基处理队伍的不断扩大。从事地基处理施工的专业队伍不

刊于《地基处理》第 5 卷第 2 期

断增加，很多土建施工单位发展了地基处理业务。除施工队伍外，从事地基处理机械生产的企业发展也很快。从科研、设计、到施工、检测几个环节的专业技术队伍已经形成，并发展壮大。

3. 地基处理理论的发展

地基处理发展还反映在理论上的进步。探讨加固机理、改进施工机械和施工工艺、发展检验手段，提高处理效果，改进设计方法，在上述几个方面，每一种地基处理方法都取得不少进展。以排水固结法为例，从砂井、到袋装砂井、到塑料排水带、施工材料和施工工艺发展很快，在理论方面，考虑井阻的砂井固结理论，超载预压对消除次固结变形的作用、真空预压固结理论、以及对塑料排水带的有效加固深度研究等方面取得不少的进展。除了针对一类或单项地基处理方法的理论得到发展外，对一些共同性规律研究也取得不少成果。如：复合地基理论、地基处理方法选用的人工智能辅助决策系统、地基处理方法选用多因素分析法等。特别是复合地基理论发展更快。

中国土木工程学会土力学及基础工程学会为了适应工程建设对地基处理技术发展的要求，于1984年春在浙江大学成立地基处理学术委员会。十年来，在地基处理技术的普及和提高方面做了一些有益的工作。

地基处理学术委员会成立后，首先组织来自全国的地基处理专家编写《地基处理手册》和筹备召开第一届全国地基处理学术讨论会。《地基处理手册》于1988年在中国建筑工业出版社正式出版，得到读者的欢迎和好评，为地基处理技术普及和提高作出贡献。第一届全国地基处理学术讨论会于1986年10月12日在上海宝钢召开，来自全国约200位代表共同交流经验、体会、促进了地基处理水平的提高。

地基处理学术委员会除了每三年一次定期召开全国性地基处理学术讨论会和不定期组织专项技术讨论会外，还与浙江大学土木工程学系共同创办《地基处理》刊物，为全国地基处理同行总结、交流地基处理经验提供一个园地，受到普遍的欢迎。为了发挥学会技术密集的优势，更好地为工程建设服务，学会成立了地基处理咨询部。学会还经常组织多种形式的地基处理技术培训班，邀请地基处理专家讲课，普及地基处理技术。

在地基处理学术委员会成立十周年前夕，为了加强地基处理学术委员会同地基处理工程界的联系，进一步为地基处理技术的普及和提高服务，进一步促进我国地基处理整体水平的提高，决定成立地基处理协作网。为了扩充阵容凝聚力量，并发挥地基处理工程公司、机械厂家的积极性，改善办刊条件，于1994年成立了地基处理杂志社。

地基处理学术委员会成立的十年，也是我国地基处理迅猛发展的十年。谨用此文祝贺中国土木工程学会土力学及基础工程学会地基处理学术委员会成立十周年。并借此机会向各界朋友十年来对地基处理学术委员会工作的支持和帮助表示衷心的感谢。祝我国地基处理工作不断发展，为祖国的繁荣昌盛和社会的稳定发展作出贡献。祝地基处理学术委员会的工作不断取得新的进步。

刊于《地基处理》第5卷第2期

7. 第四届全国地基处理学术讨论会

1995 年 12 月 5—9 日，地点：肇庆

1995 年 12 月 5 日至 9 日，第四届全国地基处理学术讨论会在广东省肇庆市举行，会议主席为龚晓南教授，来自全国各地的学者共 250 多人参加了会议。

会议资助单位为：深圳市建设基础工程公司、中科院广州化学灌浆工程总公司、广东省航务工程公司、广东省土木建筑学会地基基础学术委员会、广东省第六建筑工程公司、广东省基础工程公司、广东省铁道学会、广州军区建筑设计院、广东省岩石力学与工程学会、中国建筑科学研究院地基研究所、福建省建筑科学研究院、长江科学院、上海市基础工程公司、上海市隧道工程公司、西安长城岩土工程有限公司、广东省普宁市建筑公司珠海分公司、交通部第三航务工程局科研所、深圳市建筑设计总院新技术推广部、深圳市岩土工程公司、冶金部建筑研究总院深圳分院地基室、郑州铁路局西安铁路研究所、浙江有色勘察研究院、兰州防水材料厂、北京瑞力通地基基础工程有限公司、海南东方建筑设计有限公司、浙江大学土木工程学系。

会议论文集收入论文 128 篇，包括专题报告、浅层处理、排水固结法、深层搅拌法、高压喷射法、灌浆法、碎石桩法、强夯法、挤密桩法、石灰桩法、冷热加固法、低强度混凝土桩复合地基法、刚性桩复合地基法、纠偏与加固、综合应用及其他方法、桩基、支护结构、一般理论及其他共 18 个部分。

会议进行了大会报告，主要有：福州大学高有潮的“深基坑支护结构的设计与监测”，同济大学赵锡宏的“上海深基坑围护工程设计理论与实践的若干问题”，中科院广州化学灌浆工程总公司熊厚金的“渗透灌浆理论现状评述”，中国建筑科学研究院地基所闫明礼的“CFG 桩加固技术”，第一航务工程局范期锦的“海上深层水泥拌和法加固软土地基技术的开发与应用”，福建省建筑科学研究院候伟生的“软基上建筑工程沉降和倾斜处理技术”，深圳市建设基础公司常璐的“强夯处理地基在深圳地区的应用与发展”，广东省航务工程公司王盛源的“珠江三角洲淤泥工程特性及加固方法”，宁波大学沈昌鲁的“气压反力桩基静载试验装置”，中国建筑科学研究院地基所张永钧的“超载预压处理深厚软弱地基”等。

会议还进行了分组讨论，这次会议交流了地基处理和基坑支护设计计算、施工及施工机械、监测等方面的理论、实践和经验，基本上反映我国在地基处理及基坑支护领域的主要成就和发展水平，是我国土木工程界的又一次盛会。

会议确定下届会议在福建武夷山召开。

开幕式

左起：邝健政、吴仁培、霍启联、龚晓南、熊厚金

熊厚金（左1）、邱荣诚（左2）、龚晓南（右3）、
王盛源（右2）、王啟铜（右1）

前排：杜嘉鸿、白日升、卞守中；后排：查振衡、程骁、熊厚金

8. 全国复合地基理论与实践学术讨论会

1996 年 12 月 11—13 日，地点：杭州

全国复合地基理论与实践学术讨论会于 1996 年 12 月 11 日至 13 日在浙江大学邵逸夫科学馆召开。来自全国各地和各系统的百余名代表参加了研讨会，20 多位专家在大会上作了专题报告和发言。代表们积极总结和交流了已有成果，探讨了复合地基与实践发展中存在的问题和我国的发展前景。本次会议论文集由浙江大学出版社出版，论文集共收入论文 90 篇，基本上反映了我国复合地基理论与实践的发展现状与水平，可供同行们参考。

前　　言

近年来，我国复合地基理论和实践得到了较大的发展，为了总结成绩、交流经验、共同探讨发展中的问题，促进复合地基理论和实践水平进一步提高，我国复合地基理论与实践学术讨论会于 1996 年 12 月 11 日至 13 日在浙江大学邵逸夫科学馆举行。会议由中国土木工程学会土力学及基础工程学会地基处理学术委员会主办。来自全国各地和各系统的地基基础领域同行汇聚一堂，相互交流复合地基设计计算、施工、监测、试验研究等方面的理论和实践领域的新鲜经验，共同讨论如何进一步发展和提高我国复合地基水平，更好地为祖国现代化建设服务。

本论文集共收入论文 90 篇，包括专题报告，一般理论，水泥土桩复合地基，碎石桩复合地基，低强度混凝土桩复合地基，灰土桩、石灰桩、渣土桩复合地基，其他形式复合地基和其他相关地基基础形式等共 8 部分。本论文集的内容基本上反映了我国目前复合地基理论与实践的现状和发展水平，是我国科技工作在复合地基领域的重要科技成果，可供同行们参考。

本次学术讨论会应征论文的审查工作于 1996 年夏在浙江大学举行，浙江大学龚晓南、谢康和、朱向荣等同志参加了论文审查工作。浙江大学岩土工程研究所张航博士、博士研究生黄明聪、杨晓军、温晓贵、研究生王晖、楼晓东、肖溟等同志为论文征集、校对、描图等做了大量的工作。论文集顺利出版与各论文作者的密切配合与协作也是分不开的。在此，一并表示感谢。

限于我们的经验和水平，以及时间仓促，缺点在所难免，希望作者和读者批评和指正。

编　者
1996 年 12 月

9. 第五届全国地基处理学术讨论会

1997 年 10 月 7—12 日，地点：武夷山

第五届全国地基处理学术讨论会于 1997 年 10 月 7 日至 12 日在福建省武夷山市武夷山庄举行，会议由中国土木工程学会土力学及基础工程学会地基处理学术委员会主办，福建省建筑科学研究院协办。会议资助单位为：交通部公路科研所，天津市九洲基础公司，中科院广州化学灌浆工程公司，冶金部京冶地基公司，福建省建筑科学研究院，福建省土木建筑学会地基基础委员会，厦门市建筑科学研究所，厦门市筼筜新市区开发建设公司，泉州市煤炭工业科学研究所，福建省建专基础公司，浙江大学土木工程学系。共有来自全国各地的 215 位代表参加了会议。

本次讨论会论文集共收入论文 170 篇，内容有专题报告、排水固结、振密和挤密（包括强夯、强夯置换、碎石桩和灰土桩）、灌入固化物（包括深层搅拌法、高压喷射注浆法、灌浆法和石灰桩法）、加筋（包括土工合成材料）、低强度桩复合地基和刚性桩、托换与纠偏、桩基、基坑围护、一般理论及其他共 10 个专题，较全面地反映了我国地基处理技术应用状况及发展水平，汇集了我国科技工作者在地基处理领域的最新成果。

会议期间地基处理学术委员会决定下届会议于 2000 年在浙江温州举行。

左起：龚晓南、曾国熙、王盛源、潘秋元、龚一鸣

左起：张友苓、欧阳晶泓、邵建华、潘秋元、曾国熙、龚晓南、龚一鸣、侯伟生、徐日庆

左起：朱象清、叶书麟、褚冬梅

吴肖茗、张友苓、肖专文等部分代表合影

左起：叶观宝、徐日庆、黄宏伟、张航

左起：杨敏、邝健政、叶书麟、袁内镇

10. 全国高速公路软弱地基处理学术讨论会

论文集封面

1998 年 11 月 30 日—12 月 3 日，地点：无锡

由中国土木工程学会土力学及基础工程学会地基处理学术委员会、中国公路学会道路工程学会、江苏省高速公路建设指挥部主办，江苏省交通规划设计院、浙江省交通规划设计研究院、铁道部第四勘测设计院软土地基工程公司、无锡市高速公路建设指挥部协办的高速公路软弱地基处理学术讨论会于 1998 年 11 月 30 日至 12 月 3 日在无锡交通宾馆举行。来自全国各高校、科研、设计、施工单位和有关厂家的 138 名代表出席了会议。

针对高速公路软弱地基处理，与会代表交流了设计计算、施工技术、施工机械和现场测试等方面的理论和经验，介绍新材料、新产品和新工艺的开发和应用，讨论如何进一步发展和提高高速公路软弱地基处理水平，更好地为国家高速公路建设服务。与会代表发言积极，讨论深入，交流充分，会议达到了预期效果，取得圆满成功。

这次会议还专门出版了论文集《高速公路软弱地基处理理论与实践》，收入了我国近年来有关高速公路建设的实践经验和科研成果的论文共 58 篇，内容有综述、理论计算与分析、试验研究与分析、工程实践与经验及其他共 5 个专题，较全面地反映了我国高速公路软弱地基处理技术应用的状况与发展水平，汇集了我国科技工作者在高速公路软弱地基处理领域的重要研究成果、设计计算理论和工程施工经验。

11. 第六届全国地基处理学术讨论会

2000 年 10 月 31 日—11 月 3 日，地点：温州

由中国土木工程学会土力学及岩土工程分会地基处理学术委员会和中国建筑学会建筑施工学术委员会基坑工程专业委员会共同主办的第六届全国地基处理学术讨论会暨第二届全国基坑工程学术讨论会于 2000 年 10 月 31 日至 11 月 3 日在温州景山宾馆举行，会议资助单位为：温州市建设局，中国四海工程公司，泉州市建筑工程质量监督站，福建省建筑科学研究院，冶金工业部建筑研究总院深圳分院，温州雁南钢架管件有限公司，温州市南洋钢架安装工程处，温州市基础工程公司，浙江浙峰工程咨询有限公司，

浙江有色建设工程有限公司，浙江之江集团有限公司。

会议共收到195篇论文，经审查后有152篇论文收入由西安出版社出版的论文集。论文集内容有：专题报告，地基处理（包括浅层处理、排水固结、深层搅拌、高喷与注浆、强夯与强夯置换、碎石桩、既有建筑物地基基础加固及纠倾、桩基础、综合应用、一般理论及其他），基坑工程（包括土钉墙支护、水泥土桩支护及SMW工法、桩排式支护与地下连续墙、基坑事故处理、综合应用及其他）。

来自全国建筑、市政、铁路、交通、港口、水利、水电、地矿等部门和高等院校、科研院所以及有关厂家的220余位代表会聚一堂，共同交流地基处理和基坑工程方面的新成果、新经验，介绍新产品和新工艺的开发和应用。20余位著名专家学者应邀作了报告，分别就当时地基处理和基坑工程领域中诸多难点、热点问题，有关标准、规范的制定和修改以及若干重大工程技术等问题进行了深入的交流和探讨。老中青济济一堂，学术气氛十分活跃。会议期间还进行了中国土木工程学会土力学及岩土工程分会地基处理学术委员会换届工作，产生了第三届地基处理学术委员会，浙江大学龚晓南教授继续担任主任委员。

开幕式

12. 第七届全国地基处理学术讨论会

2002 年 8 月 19—26 日，地点：兰州

由中国土木工程学会土力学及岩土工程分会地基处理学术委员会主办、兰州有色金属建筑研究院承办的第七届全国地基处理学术讨论会于 2002 年 8 月 19 日至 8 月 26 日在甘肃省兰州市西兰国际大酒店召开。

来自全国建筑、市政、铁路、交通、港口、水利、水电、地矿等部门和高等院校、科研院所以及有关厂家的 170 余位代表会聚一堂，共同交流地基处理方面的新成果、新经验，介绍新产品和新工艺的开发和应用。

8 月 20 日上午举行了大会开幕式，在主席台就座的有中国土木工程学会土力学及岩土工程分会地基处理学术委员会主任龚晓南教授、甘肃省土木建筑学会韩丽霞秘书长、甘肃省土木建筑学会地基处理学术委员会主任汪国烈教授、兰州有色金属建筑研究院何忠茂院长以及甘肃省建设厅有关领导。开幕式由地基处理学术委员会副主任叶观宝教授主持，首先由龚晓南教授致开幕词，接着甘肃省建设厅、甘肃省土木建筑学会、兰州有色金属建筑研究院的有关领导先后致辞，最后大会宣读了上级学会中国土木工程学会土力学及岩土工程分会的贺信。

开幕式后进行大会报告，近 20 位专家学者应邀作了专题报告和论文报告，分别就当时地基处理领域中诸多难点、热点问题以及若干重大工程技术等问题进行了深入的交流和探讨。老中青济济一堂，学术气氛十分活跃。

大会的专题报告有：

(1)“软土超长水泥土桩复合地基破坏模式及承载力检验问题”，天津大学土木工程系郑刚教授；

(2)“上海地区软土地基处理现状及其发展趋势”，上海港湾工程设计研究院高宏兴教授；

(3)“兰州地区地基土的工程特征及地基处理”，兰州有色金属建筑研究院滕文川总工；

(4)“单桩竖向抗压静荷载试验自平衡测试法和传统测试法的对比”，江苏省电力设计研究院沈锦儒教授；

(5)“真空预压加固若干问题”，浙江大学土木工程学系龚晓南教授；

(6)“填海工程地基处理”，深圳市工勘岩土工程有限公司周洪涛总工；

(7)“高速公路软基处理优化设计”，同济大学地下系叶观宝教授；

(8)“锚杆静压桩加固新技术的现状与展望”，上海华冶建筑危难工程

技术开发公司周志道教授；

(9)“山区地基处理及工程实例”，后勤工程学院土木工程系陆新教授。

会议闭幕式由地基处理学术委员会副主任委员、铁道部建筑科学研究院史存林研究员主持，龚晓南教授致闭幕词。

会议期间还召开了地基处理学术委员会全体委员会议，龚晓南主任委员首先总结前阶段学会工作，接着各位委员对如何进一步更好地开展学会工作进行了讨论。

会议共收到论文 158 篇，经审查后有 118 篇论文收入由中国水利水电出版社出版（龚晓南、俞建霖主编）的论文集。论文集内容包括：排水固结，振密、挤密（强夯、强夯置换、碎石桩），灌入固化物（深层搅拌法、高压喷射注浆法、灌浆法），加筋（土工合成材料），低强度桩复合地基和刚性桩复合地基，托换与纠倾，桩基，基坑围护，一般理论及其他共 9 个专题。论文集的内容反映了当时我国地基处理领域的主要成就和发展水平。

会议决定下届会议于 2004 年在中南地区召开，并在 2004 年举行地基处理学术委员会成立二十周年纪念活动。

13. 第八届全国地基处理学术讨论会 ——暨地基处理学术委员会成立二十周年

2004 年 10 月 22—27 日，地点：长沙

第八届全国地基处理学术讨论会暨地基处理学术委员会成立二十周年庆典于 2004 年 10 月 22 日至 27 日在湖南长沙市枫林宾馆召开，由中国土木工程学会土力学及岩土工程分会地基处理学术委员会主办，湖南大学土木工程学院承办。

来自全国各行业近 200 名地基处理专家、工程技术人员和有关厂家代表参加了学术讨论会。

10 月 22 日上午，由学术委员会副主任史存林研究员主持开幕式，并宣读了中国土木工程学会土力学及岩土工程分会的贺信，大会主席龚晓南教授致开幕词，湖南省建设厅、湖南大学的有关领导致辞。

开幕式后，近 20 位专家学者应邀作了专题报告和论文报告，分别就当时地基领域中诸多难点、热点问题以及若干重大工程技术等问题进行了深入的交流和探讨，学术氛围十分活跃。

会议期间进行了学会换届工作，产生了第四届地基处理学术委员会。与此同时还召开了第四届地基处理学术委员会核心组和第三、四届委员联

席会议，龚晓南主任委员总结了前阶段学会工作并畅想了学会下阶段的工作任务。与会各学术委员亦对如何进一步开展学会工作进行了讨论。

同时，为纪念地基处理学术委员会成立二十周年，学会组织出版了《地基处理技术发展与展望》（2004，中国水利水电出版社），促进了地基处理最新技术的交流和发展。会议决定下届全国地基处理学术讨论会于2006年在山西太原召开，并计划于2005年会同交通部门在广州召开高等级公路地基处理专题学术讨论会。

开幕式

大会合影

14. 全国高速公路地基处理学术研讨会

2005 年 12 月 7—9 日，地点：广州

由中国土木工程学会土力学及岩土工程分会地基处理学术委员会、中国公路学会道路工程学会、广东省交通厅、广东省交通集团有限公司、广东省公路学会、江苏省公路学会、浙江省公路学会等共同主办的全国高速公路地基处理学术研讨会于 2005 年 12 月 7 日至 9 日在广州珠岛宾馆召开。会议协办单位为广东省航盛工程有限公司。来自全国各地从事高等级公路建设的工程技术人员、专家、学者和管理人员参加了这次学术研讨会，与会代表 220 余人。

与会代表介绍、交流了地基处理新技术和新经验，而且还就当时道路工程建设中的热点问题进行了热烈讨论，圆满完成了预定任务。

《全国高速公路地基处理学术研讨会论文集》由人民交通出版社出版。为了更好地召开这次学术研讨会，还约请了全国几十位专家在会前编写了《高等级公路地基处理设计指南》（龚晓南，人民交通出版社，2005），作为这次会议的学习资料。

大会合影

15. 第九届全国地基处理学术讨论会

2006 年 8 月 22—26 日，地点：太原

由中国土木工程学会土力学及岩土工程分会地基处理学术委员会主办，山西省土木建筑学会地基基础专业委员会和太原理工大学建筑与土木工程学院承办的第九届全国地基处理学术讨论会于 2006 年 8 月 22 日至 26 日在山西省太原市迎西大厦召开。会议协办单位为山西裕祥基础工程有限公司等。

来自全国各行业的地基处理专家、学者、工程师、工程技术人员和有关厂家的代表会聚一堂，交流地基处理工程勘察、设计计算、施工技术、施工机械和现场测试等方面的理论和经验，介绍新材料、新产品和新工艺的开发和应用，讨论如何进一步发展和提高我国地基处理水平，更好地为国家经济建设服务。

8 月 23 日上午举行了大会开幕式，开幕式由副主任委员滕延京研究员主持，首先由大会主席龚晓南教授致开幕词，接着山西省土木建筑学会、山西省建设厅、太原理工大学的有关领导先后致辞，最后与会代表进行合影留念。

开幕式后进行大会报告，20 余位专家学者应邀作了专题报告和论文报告，分别就当时地基处理领域中诸多难点、热点问题以及若干重大工程技术等问题进行了深入的交流和探讨。老中青济济一堂，学术气氛十分活跃。

会议闭幕式由副主任委员、福建省建筑科学研究院侯伟生教授级高级工程师主持，龚晓南教授致闭幕词。

会议期间还召开了地基处理学术委员会核心组和全体委员会议，龚晓南主任委员首先总结前阶段学会工作，接着各位委员对如何进一步更好地开展学会工作进行了讨论。

会议共收到论文 92 篇，经审查后录用 89 篇，内容包括基础理论，排水固结，振密、挤密（强夯、强夯置换、碎石桩、灰土桩），灌入固化物（深层搅拌法、高压喷射注浆法、灌浆法），加筋（土工合成材料），刚性桩复合地基和长短桩复合地基，桩基工程，基坑工程，托换与纠倾及其他共 9 个专题。论文集的内容反映了当时我国地基处理领域的主要成就和发展水平。

会议决定下届会议于 2008 年在南京召开。

开幕式

大会合影

宋二祥作报告

陆新作报告

叶柏荣作报告

大会报告

大会报告

刘松玉作报告

现场专家提问

左起：葛忻声、陈东佐、龚晓南、俞建霖

右起：朱期瑛、韩云山、梁仁旺、陈东佐、白晓红、黄仙技、葛忻声

16. 第十届全国地基处理学术讨论会

2008年11月3—4日，地点：南京

由中国土木工程学会土力学及岩土工程分会地基处理学术委员会主办，东南大学交通学院和东南大学岩土工程研究所承办的第十届全国地基处理学术讨论会于2008年11月3日至4日在南京东南大学榴园宾馆召开。会议协办单位为：河海大学岩土工程科学研究所、南京水利科学研究院岩土工程研究所、南京地基基础测试协会、南京东大岩土工程技术有限公司等。

来自全国各行业的291位地基处理专家、学者、工程师、工程技术人员和有关厂家的代表会聚一堂，交流地基处理工程勘察、设计计算、施工技术、施工机械和现场测试等方面的理论和经验，介绍新材料、新产品和新工艺的开发和应用，讨论如何进一步发展和提高我国地基处理水平，更好地为国家经济建设服务。

11月3日上午举行了大会开幕式，开幕式由东南大学刘松玉教授主持，首先由地基处理学术委员会主任、浙江大学龚晓南教授致开幕词，接着上级学会、东南大学、江苏省交通厅的有关领导先后致辞，最后所有与会代表进行了合影留念。

开幕式后进行大会报告，20余位专家学者应邀作了专题报告和论文报告，分别就当时地基处理领域中诸多难点、热点问题以及若干重大工程技术等问题进行了深入的交流和探讨。老中青济济一堂，学术气氛十分活跃。

会议闭幕式由施建勇教授主持，龚晓南教授致闭幕词。

会议期间还召开了地基处理学术委员会全体委员会议，龚晓南主任委员首先总结前阶段学会工作，接着各位委员对如何进一步更好地开展学会工作进行了讨论。

会议共收到论文130篇，经审查后录用126篇，内容包括现有地基处理技术进展，地基处理新技术的开发与应用，复合地基理论与实践新发展，地基处理工程勘察技术、设计计算、施工设备、质量检验等方面的新发展，地基处理其他方面的发展共5个专题。论文集的内容反映了当时我国地基处理领域的主要成就和发展水平。

会议决定下届会议在海口召开。

研讨会现场

地基处理学术委员会全体委员会议

大会合影

17. 第十一届全国地基处理学术讨论会

2010 年 11 月 19—21 日，地点：海口

第十一届全国地基处理学术讨论会于 2010 年 11 月 19 日至 21 日在海南省海口市召开。会议由中国土木工程学会土力学及岩土工程分会地基处理学术委员会主办，海南大学土木建筑工程学院承办，海南省岩土力学与工程学会、海南省土木建筑学会、海南省力学学会、海南省建筑设计院、深圳勘察设计院海南分院、海南省公路勘察设计院和海南省琼力地基基础工程有限公司协办。

来自全国各行业的地基处理专家、学者、工程师、工程技术人员和有关厂家的代表会聚一堂，交流地基处理工程勘察、设计计算、施工技术、施工机械和现场测试等方面的理论和经验，介绍新材料、新产品和新工艺的开发和应用，讨论如何进一步发展和提高我国地基处理水平，更好地为国家经济建设服务。

11 月 20 日上午举行了大会开幕式，开幕式由海南大学土木建筑工程学院院长卫宏教授主持，首先由大会主席龚晓南教授致开幕词，接着海南大学、海南省建设厅、海南省科协的有关领导先后致辞，最后与会代表进行了合影留念。

开幕式后进行大会报告，20 余位专家学者应邀作了专题报告和论文报告，分别就当时地基处理领域中诸多难点、热点问题以及若干重大工程技术等问题进行了深入的交流和探讨。老中青济济一堂，学术气氛十分活跃。

大会特邀的专题报告有：

(1) “Ground improvement practice in Europe”，奥地利 Boku 大学吴伟教授；

(2) “《复合地基技术规范》编制介绍”，浙江大学龚晓南教授；

(3) “工程建设引起地面沉降的监测与防治技术”，同济大学叶观宝教授；

(4) “新型土壤固化剂及其工程应用”，哈尔滨工业大学凌贤长教授；

(5) “刚性桩复合地基的稳定和变形问题”，天津大学郑刚教授；

(6) “既有建筑物常见基础问题及处理”，福建省建筑科学研究院侯伟生教授级高级工程师；

(7) “桩承式加筋路堤研究进展”，华中科技大学郑俊杰教授；

(8) “对广东高速公路排水固结法的认识”，广东省航盛建设集团有限公司刘吉福总工。

11 月 20 日晚召开了地基处理学术委员会核心组和全体委员会议，龚晓南主任委员首先总结前阶段学会工作，接着各位委员对如何进一步更好地开展学会工作进行了讨论。

会议闭幕式于 11 月 21 日下午召开，由海南大学土木建筑工程学院副院长李光范教授主持，龚晓南教授致闭幕词。

会议共录用论文 104 篇，内容包括文献综述，基础理论，排水固结、振密、挤密（强夯、强夯置换、碎石桩、灰土桩），灌入固化物（深层搅拌法、高压喷射注浆法、灌浆法），复合地基、加筋、托换与纠倾，桩基工程与基坑工程及其他共 7 个专题。论文集的内容反映了当时我国地基处理领域的主要成就和发展水平。

会议决定下届会议于 2012 年在昆明召开。

开幕式

吴伟作大会报告

凌贤长作大会报告

中国·海南

第十一届全国地基处理学术讨论会2010.11.20海口

大会合影

18. 第十二届全国地基处理学术讨论会

2012 年 8 月 27—29 日，地点：昆明

第十二届全国地基处理学术讨论会于 2012 年 8 月 27 日至 29 日在云南省昆明市召开。会议由中国土木工程学会土力学及岩土工程分会地基处理学术委员会主办，云南省土木建筑学会建筑结构专业委员会和中国有色金属工业昆明勘察设计研究院承办，云南省勘察设计质量协会、云南大学、昆明理工大学、云南省安泰建筑工程施工图设计文件审查中心、昆明恒基建设工程项目施工图设计文件审查有限公司、建研地基公司、昆明军龙岩土工程有限公司、云南建工基础工程有限责任公司、云南地质工程第二勘察院协办。

来自全国各行业的地基处理专家、学者、工程师、工程技术人员和有关厂家的代表会聚一堂，交流地基处理工程勘察、设计计算、施工技术、施工机械和现场测试等方面的理论和经验，介绍新材料、新产品和新工艺的开发和应用，讨论如何进一步发展和提高我国地基处理水平，更好地为国家经济建设服务。

8 月 28 日上午举行了大会开幕式，开幕式由地基处理学术委员会副主任委员、中国建筑科学研究院滕延京研究员主持，首先由地基处理学术委员会主任、龚晓南院士致开幕词，接着中国土木工程学会秘书长张雁研究员、马洪琪院士、云南省建设厅及承办单位的有关领导先后致辞，最后与会代表进行了合影留念。

开幕式后进行大会报告，20 余位专家学者应邀作了专题报告和论文报告，分别就当时地基处理领域中诸多难点、热点问题以及若干重大工程技术等问题进行了深入的交流和探讨。老中青济济一堂，学术气氛十分活跃。

8 月 28 日晚召开了地基处理学术委员会全体委员会议，龚晓南主任委员首先总结前阶段学会工作，接着各位委员对如何进一步更好地开展学会工作进行了讨论。

会议闭幕式于 8 月 29 日下午召开，龚晓南教授致闭幕词。

会议共录用论文 79 篇，内容包括基础理论，排水固结，振密、挤密（强夯、强夯置换、碎石桩、灰土桩），灌入固化物（深层搅拌法、高压喷射注浆法、灌浆法），复合地基与基础托换，桩基工程，地基基础检测及其他共 7 个专题。论文集的内容反映了当时我国地基处理领域的主要成就和发展水平，可供同行们参考。

会议决定下届全国地基处理学术讨论会于 2014 年在西安召开，具体由长安大学承办。

开幕式

龚晓南致开幕词

滕延京作大会报告

大会报告

董志良作大会报告

金亚伟作大会报告

孔纲强作大会报告

袁静作大会报告

陶艳丽作大会报告

杨晓华作大会报告

大会会场

大会合影

19. 第二届全国复合地基理论及工程应用学术研讨会

2012 年 9 月 27—28 日，地点：广州

第二届全国复合地基理论及工程应用学术研讨会于 2012 年 9 月 27 日至 28 日在广州市召开。会议由中国土木工程学会土力学及岩土工程分会地基处理学术委员会、广东省公路学会、中国铁建股份集团有限公司、中国铁建港航局集团有限公司、广东省公路学会岩土工程专业委员会承办。

本次学术研讨会，举办方邀请了多位长期从事复合地基工作的知名专家作学术报告，报告的主要内容有：(1)“广义复合地基理论形成及发展”，浙江大学龚晓南院士；(2)“复合地基的破坏方式及承载力与稳定问题”，天津大学郑刚教授；(3)“桩网复合地基工作机理与设计方法”，铁道科学研究院刘国楠研究员；(4)“珠江三角洲淤泥结构性与加固技术”，中国铁建股份集团有限公司王盛源教授级高级工程师；(5)“挤密砂桩复合地基在港珠澳大桥海底隧道人工岛的应用”，港珠澳岛隧项目部刘晓东教授级高级工程师；(6)“高速铁路软弱地基处理措施及效果”，中铁第一勘察设计院集团有限公司王应铭副总工；(7)“刚性桩复合地基在工后沉降控制中的应用”，南京水利科学研究院娄炎教授；(8)“《广东省公路软土地基设计与施工技术规定》解读”，中国铁建股份集团有限公司刘吉福副总工。

研讨会上，与会代表们集中探讨了复合地基的形成、应用和发展等多方面的内容，范围涉及公路、铁路、人工岛等不同的工况，并集中就复合地基在高速公路上应用存在的问题以及高速公路复合地基理论发展进行了重点讨论，对于如何计算不同复合地基的复合模量和工后沉降，代表们也提出了新的见解。

本次学术研讨会，开阔了参会人员的复合地基处治视野，促使大家反思在复合地基设计中采用有关理论的合理性，与会人员均感受益颇深。

第二届 全国复合地基理论及工程应用学术研讨会
The 2nd China Symposium on Theory and Practice of Composite Foundation

研讨会现场

第二届 全国复合地基理论及工程应用学术研讨会
The 2nd China Symposium on Theory and Practice of Composite Foundation
主办单位：中国土木工程学会土力学及岩土工程分会地基处理学术委员会
广东省公路学会
中国铁建股份有限公司

开幕式

第二届 全国复合地基理论及工程应用学术研讨会
The 2nd China Symposium on Theory and Practice of Composite Foundation

研讨会现场

20. 第十三届全国地基处理学术讨论会

2014 年 10 月 22—24 日，地点：西安

第十三届全国地基处理学术讨论会于 2014 年 10 月 22 日至 24 日在陕西省西安市召开。会议由中国土木工程学会土力学及岩土工程分会地基处理学术委员会主办，长安大学承办，机械工业勘察设计研究院、西北综合勘察设计研究院、中交第一公路勘察设计研究院有限公司、陕西省交通规划设计研究院、西安公路研究院、山西省交通科学研究院、中北工程设计咨询有限公司、西安市地下铁道有限责任公司、中铁第一勘察设计院集团有限公司、西安交通大学、西安理工大学、西安建筑科技大学、西北农林科技大学、西安铁路局科学技术研究所协办。

来自全国各行业的地基处理专家、学者、工程师、工程技术人员和有关厂家的 300 余位代表会聚一堂，交流地基处理工程勘察、设计计算、施工技术、施工机械和现场测试等方面的理论和经验，介绍新材料、新产品和新工艺的开发和应用，讨论如何进一步发展和提高我国地基处理水平，更好地为国家经济建设服务。

10 月 23 日上午举行了大会开幕式。开幕式由中国土木工程学会土力学及岩土工程分会地基处理学术委员会副主任委员、长安大学谢永利教授主持。首先由地基处理学术委员会主任、中国工程院院士、浙江大学龚晓南教授致开幕词，接着中国土木工程学会土力学及岩土工程分会理事长张建民教授及长安大学的有关领导先后致辞，最后所有与会代表进行了合影留念。

开幕式后进行大会报告，20 余位专家学者应邀作了特邀报告和论文报告，分别就地基处理领域中诸多难点、热点问题以及若干重大工程技术等问题进行了深入的交流和探讨。老中青济济一堂，学术气氛十分活跃。

大会特邀报告包括：

（1）“膨胀土地基的变形与承载特性”，长沙理工大学郑健龙教授；

（2）“高聚物注浆加固防渗新技术”，郑州大学王复明教授；

（3）“国家标准《吹填土地基处理技术规范》介绍”，重庆大学刘汉龙教授；

（4）“场地形成机理与处治方法”，同济大学叶观宝教授；

（5）“共振法加固液化地基的理论与工程应用”，东南大学刘松玉教授；

（6）“公路盐渍土路基处治技术进展”，长安大学谢永利教授；

（7）“延安平山造地工程实践与关键技术问题研究”，机械工业勘察设计研究院郑建国教授级高级工程师；

（8）“地裂缝工程灾害机制与减灾措施研究”，长安大学彭建兵教授。

10 月 23 日晚召开了中国土木工程学会土力学及岩土工程分会地基处理学术委员会全体委员会议，主任委员龚晓南首先总结汇报了前阶段学会工作和地基处理学术委员会换届筹备工作，然后学术委员会秘书俞建霖介绍了会议前经反复协商形成的第五届地基处理学术委员会组成情况，并提交会议讨论。经商议产生了第五届地基处理学术委员会。

随后召开了第四届和第五届地基处理学术委员会委员会议，对如何进一步更好地开展学会工作进行了讨论。会议于 10 月 24 日圆满闭幕。

会议共录用论文 64 篇，内容包括基础理论，试验研究和检测，排水固结、振密与挤密，灌入固化物和置换，复合地基，其他处理方法共 6 个专题。论文集的内容反映了我国地基处理领域的主要成就和发展水平。

2014 年恰逢中国土木工程学会土力学及岩土工程分会地基处理学术委员会成立三十周年。为了纪念学术委员会成立三十周年，学会组织出版了《地基处理技术及发展展望》和纪念文集《地基处理三十年》。《地基处理技术及发展展望》全面反映了之前三十年，特别是之前近十年地基处理技术在我国的发展情况；《地基处理三十年》回顾了之前三十年地基处理学术委员会的工作历程。

会议决定下届全国地基处理学术讨论会于 2016 年在南昌召开。

开幕式

郑健龙作特邀报告

王复明作特邀报告

刘汉龙作特邀报告

彭建兵作特邀报告

谢永利作特邀报告

叶观宝作特邀报告

刘松玉作特邀报告

郑建国作特邀报告

大会报告

大会报告

现场热烈讨论

大会合影

21. 第十四届全国地基处理学术讨论会

2016 年 11 月 18—20 日，地点：南昌

第十四届全国地基处理学术讨论会于 2016 年 11 月 18 日至 20 日在江西省南昌市召开。会议由中国土木工程学会土力学及岩土工程分会主办，江西理工大学、华东交通大学、中恒建设集团有限公司承办，南昌大学、东华理工大学、南昌航空大学、南昌工程学院、江西省建工集团有限责任公司、江西中恒地下空间科技有限公司、江西基业科技有限公司、东通岩土科技（杭州）有限公司、深圳市北斗云信息技术有限公司、上海筑邦测控科技有限公司、江西省勘察设计研究院、江西省浩风建筑设计院有限公司、上海江图信息科技有限公司、江西省环境岩土与工程灾害控制重点实验室协办。

来自全国各行业的地基处理专家、学者、工程师、工程技术人员和有关厂家的 350 余位代表会聚一堂，相互交流、互相启迪、总结提高，展示了地基处理领域的最新研究成果和发展趋势。会议交流主题包括：现有地基处理技术进展；地基处理新技术的开发和应用；复合地基理论与实践新发展；地基处理工程勘察技术、设计计算、施工设备、质量检测等方面的新进展；地基处理其他方面的发展。

11 月 19 日上午举行了大会开幕式。开幕式由地基处理学术委员会副主任委员、同济大学叶观宝教授主持。

首先由地基处理学术委员会主任、中国工程院院士、浙江大学龚晓南教授致开幕词。龚教授阐释了学术讨论会的新理念：举办全国性讨论会一是贯彻党中央创新驱动发展，在地基处理领域，创新发展的驱动力要根据社会需要；二是城市化进程中，最需要地下空间开发，地下空间的运用，我们需要高度重视。

江西省住建厅总工程师章雪儿在会上表示，江西的建筑业近几年发展迅速，2012 年突破两千亿元产值，2013 年突破三千亿元产值，2014 年突破四千亿元产值，2015 年预计突破五千亿元产值，纵向增幅全国领先。江西城市地下轨道、地铁建设等方面都与地基的理论与实践分不开，并取得了一定的成绩，特别是中恒建设的组合锤法地基处理技术效果很好，希望全国的专家能对江西的地基基础形势及实践过程提出宝贵意见。

接着中国土木工程学会土力学及岩土工程分会副理事长郑刚教授、承办单位中恒建设集团有限公司和江西理工大学的有关领导先后致辞，最后所有与会代表进行了合影留念。

开幕式后进行大会报告，46 位专家学者应邀作了专题报告和论文报

告，分别就当时地基处理领域中诸多难点、热点问题以及若干重大工程技术等问题进行了深入的交流和探讨。老中青济济一堂，学术气氛十分活跃。

大会特邀报告包括：

（1）“处理地基的工作性状及其工程应用方法”，中国建筑科学研究院地基所滕延京研究员；

（2）“几类特殊条件下的地基承载力问题”，天津大学郑刚教授；

（3）“复合桩与组合桩技术发展综述”，同济大学叶观宝教授；

（4）“地铁基坑软土地基加固的理论与实践”，福建省建筑科学研究院侯伟生教授级高级工程师；

（5）“锚固与注浆技术在既有建筑物地基与基础加固中的应用”，中科院广州化学灌浆公司薛炜教授级高级工程师；

（6）“填方机场地基处理及高填方工后沉降研究”，兰州理工大学朱彦鹏教授；

（7）“软土地基上的加筋垫层路堤”，同济大学徐超教授；

（8）“超高能级强夯技术试验研究”，中冶建筑研究总院周国钧教授级高级工程师；

（9）“就地固化技术处理道路软基工程的试验研究”，河海大学陈永辉教授；

（10）“大面积海涂围垦吹填淤泥淤堵机理及加固技术”，温州大学王军教授。

11 月 19 日晚召开了地基处理学术委员会全体委员会议，对如何进一步更好地开展学会工作进行了讨论。

本次会议闭幕式于 11 月 20 日举行，龚晓南教授致闭幕词。

会议共收到论文 103 篇，经审查后录用 92 篇，并由江西科学技术出版社出版了论文集——《地基处理理论与实践新发展》，内容包括基础理论，试验研究和检测，排水固结、振密与挤密，灌入固化物和置换，复合地基和桩基，其他岩土工程方法共 6 个专题。

会议期间南京、武汉、厦门、上海等城市的代表提出申办第十五届全国地基处理学术讨论会，经委员会投票确定于 2018 年在武汉召开。

开幕式会场

龚晓南致开幕词

罗嗣海

徐长节

滕延京

郑刚

叶观宝

侯伟生

薛炜

朱彦鹏

徐超

周国钧

陈永辉

王军

张峰、刘吉福

杨晓华

邓亚光

崔新壮

邓通发

武亚军

张玲

胡文韬

曹开伟

刘献刚

陈永辉、金亚伟

李瑛

大会会场之一

大会会场之二

大会会场之三

闭幕式

左起：王梅、杨素春、张峰

长安大学团队

会务志愿者

大会合影

22. 第十五届全国地基处理学术讨论会

2018 年 10 月 19—21 日，地点：武汉

第十五届全国地基处理学术讨论会于 2018 年 10 月 19 日至 21 日在湖北省武汉市召开。会议由中国土木工程学会土力学及岩土工程分会主办，武汉谦诚桩工科技股份有限公司、中国科学院武汉岩土力学研究所、湖北徐基工程机械有限公司、武汉大学、武汉武建机械施工有限公司、中交四航工程研究院有限公司承办，湖北省土木建筑学会、三一重工桩工机械湖北分公司、中国中铁二院工程集团有限责任公司、武汉建筑业协会、上海金泰工程机械有限公司、中铁第四勘察设计院集团有限公司、中冶集团武汉勘察研究院有限公司等 16 家单位协办。

本次讨论会的主题为“地基处理技术创新与可持续发展”，来自国内外地基处理行业 500 余名专家、学者和业界精英会聚一堂，用地基处理行业最前沿的新理论、新技术、新理念、新设备等创新成果，带来了一场精彩纷呈的学术盛宴！

开幕式上地基处理学术委员会主任、浙江大学龚晓南教授致开幕词。他结合我国土木工程建设发展历程回顾了地基处理学术委员会自 1984 年成立以来的发展历程和 1986 年第一届全国地基处理学术讨论会召开以来的会议历程，肯定了地基处理学术讨论会在交流推广地基处理、工程勘测、施工技术等领域新经验、新理论、新技术、新理念、新设备、新产品的开发应用，发展提高我国地基处理水平，服务国家经济建设方面所起到的重要作用，对本次盛会提出新期望，希望在分享之余，通过广泛讨论碰撞出更多思想火花。

湖北省住房和城乡建设厅总工程师谈华初在开幕式上指出，建筑业是湖北省的传统优势产业，在省委、省政府的坚强领导下，在住房和城乡建设部的强力指导下，近年来取得了长足的发展进步。本次讨论会不仅是全国地基处理专业技术领域的一次学术盛会，也是地基处理行业领域革故鼎新、重焕活力的一次行业盛会，更是湖北省、武汉市建筑业一次难得的学习和交流机会，必将为湖北地基处理技术的跨越式发展提供更加广阔的舞台。

武汉建筑业协会副会长单位代表、中交第二航务工程局有限公司副总经理薛安青代表武汉建筑业协会对会议的隆重开幕表示祝贺，并指出，武汉是一个建筑大市，但长期以来岩土工程行业缺乏交流合作的平台，为促进岩土行业的健康发展，提升工程建筑质量，促进建筑企业的转型升级以及产业化、现代化，武汉建筑业协会于 7 月份成立了岩土工程分会，武汉

谦诚桩工科技股份有限公司董事长郭克诚先生任首任会长。希望岩土工程分会承担起促进行业交流和资源共享，提高岩土工程施工水平的重任，为武汉市岩土工程行业的健康发展作出积极贡献。

武汉建筑业协会岩土工程分会会长、承办单位武汉谦诚桩工科技股份有限公司董事长郭克诚致辞。他指出，理论创新与实践创新的良性互动，赋予了行业生生不息的创造力和生命力。历届地基处理学术讨论会都致力于搭建科研成果与实体经济之间沟通联系的优质桥梁，使实践创新与理论创新碰撞出耀眼的火花，照亮了我国地基处理行业发展的方向。作为武汉建筑业协会岩土工程分会的首任会长，必将全力以赴打造优质行业交流平台，服务会员单位，做到不负重托、不辱使命。

本次学术讨论会邀请到了全国地基处理行业的专家、学者，为与会嘉宾带来了一场精彩纷呈的学术盛宴。大会特邀报告包括：

（1）“复合地基技术发展回顾与展望”，中国工程院院士、浙江大学龚晓南教授；

（2）“土体工程地质的宏观控制论”，武汉华太岩土工程有限公司范士凯大师；

（3）“美国地基处理技术新进展”，美国土木工程师学会岩土工程分会地基处理委员会主任、堪萨斯大学韩杰教授；

（4）“海涂围垦大面积吹填淤泥处理关键技术创新与实践”，浙江工业大学蔡袁强教授；

（5）“复合地基设计理论及工程应用中一些概念的讨论”，天津大学郑刚教授；

（6）“污染地基处理技术应用”，东南大学刘松玉教授；

（7）“新型盖板 + 墙式复合地基”，中国地质大学（武汉）徐光黎教授；

（8）“GS 土体硬化剂加固软土工程特性及应用”，同济大学叶观宝教授；

（9）“软土路堤破坏模式及相关问题思考”，中国中铁工程设计咨询集团有限公司杜文山先生；

（10）“超高层试桩设计实例（中信大厦项目）分析”，中信建筑设计研究总院有限公司李治总工程师；

（11）“高速公路路基柔性支防技术”，长安大学杨晓华教授；

（12）“无填料振冲法加固水下砂土地基的理论与工程应用研究”，中交四航工程研究院有限公司秦志光先生；

（13）“深厚软土地基处理关键技术研究与应用”，中冶集团武汉勘察研究院有限公司黄涛教授；

（14）“复杂地基深基坑和软土隧道的地基处理”，中水珠江规划勘测设计有限公司从蔼森教授；

（15）“水泥土复合管桩技术研究与应用”，山东省建筑科学研究院卜发东教授级高级工程师；

（16）“基于桩土作用的胶结桩复合地基承载力”，广东省交通规划设计研究院股份有限公司刘吉福；

（17）“基坑支撑绿色爆破拆除技术”，湖北工业大学叶建军教授；

（18）“刚性基础下复合地基垫层细观工作机制模型试验”，武汉理工大学芮瑞教授；

（19）“低净空全套管灌注桩研制及施工影响分析”，中铁第五勘察设计院集团有限公司毛忠良教授级高级工程师；

（20）“乌鲁木齐机场北区改扩建工程中的高填方地基问题与实践”，华建集团上海申元岩土工程有限公司梁永辉；

（21）“生物处理沙漠风积沙研究进展”，河海大学高玉峰教授；

（22）“预制桩新技术及地基处理应用”，华侨大学苏世灼教授级高级工程师；

（23）“超高层建筑灌注桩施工技术与检测”，武汉武建机械施工有限公司李锡银；

（24）“徐工集团基础施工配套设备及解决方案”，徐工集团工法及工作装置研究所马云龙。

除了行业大咖带来的特邀报告，分会场还有来自各个领域业内精英为与会嘉宾带来地基处理行业新工艺、新设备、新材料的精彩报告。如来自日本的野本太先生作题为“新型超软基加固及减震技术”的大会报告。

10 月 21 日下午，第十五届全国地基处理学术讨论会圆满落下帷幕。在闭幕式上，龚晓南教授对本届学术讨论会予以高度评价。他强调了企业在行业创新方面所承担的重要角色，指出发展是第一要务，人才是第一资源，创新是第一动力，而企业是创新的主体。企业创新将技术创新、生产实践和营销推广融合在一起，拥有科研单位无可比拟的优势。寄望科研人员要有追求、有担当，在推动行业创新、促进行业发展方面做出积极贡献。此外，会议从刊登出版的 78 篇论文中选出 10 篇优秀论文并予以表彰。

在闭幕式上举行第十六届全国地基处理学术讨论会举办权移交仪式，重庆市土木建筑学会岩土工程分会和重庆市建筑科学研究院在多家申报单位中脱颖而出，获得第十六届学术讨论会的联合举办权。在交接仪式上，龚晓南教授向重庆市土木建筑学会岩土工程分会、重庆市建筑科学研究院代表陆新教授授牌。

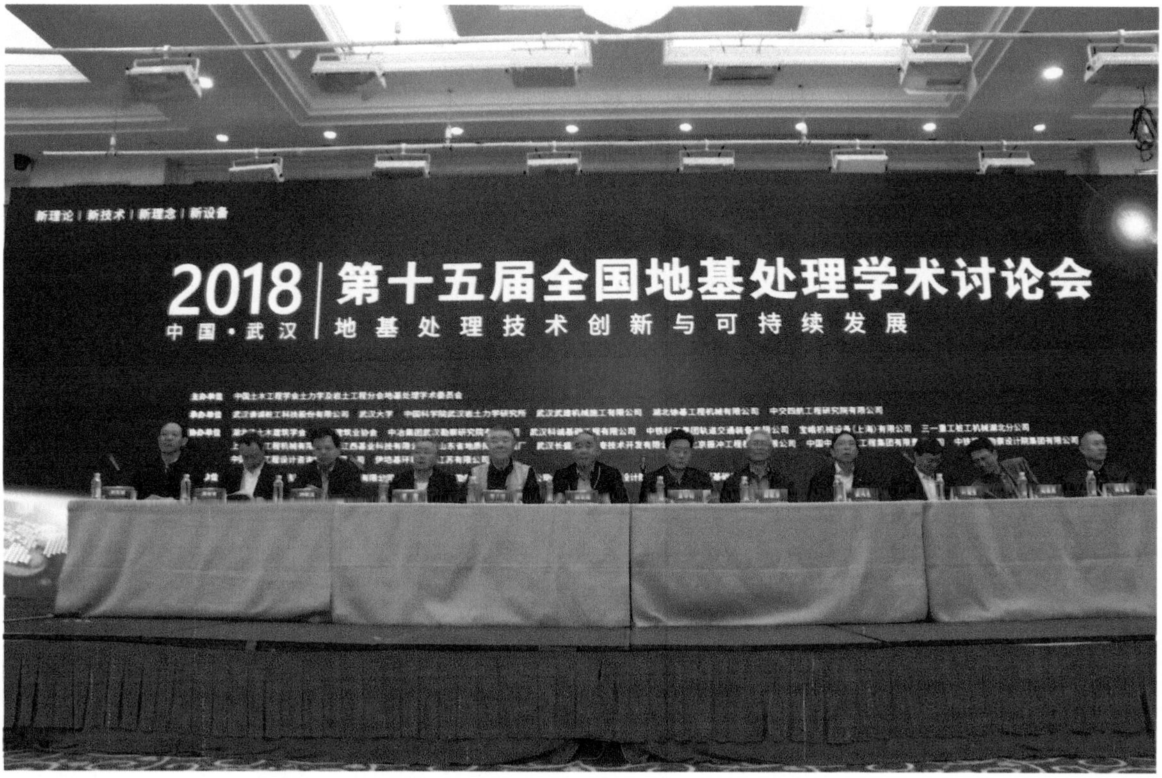

开幕式

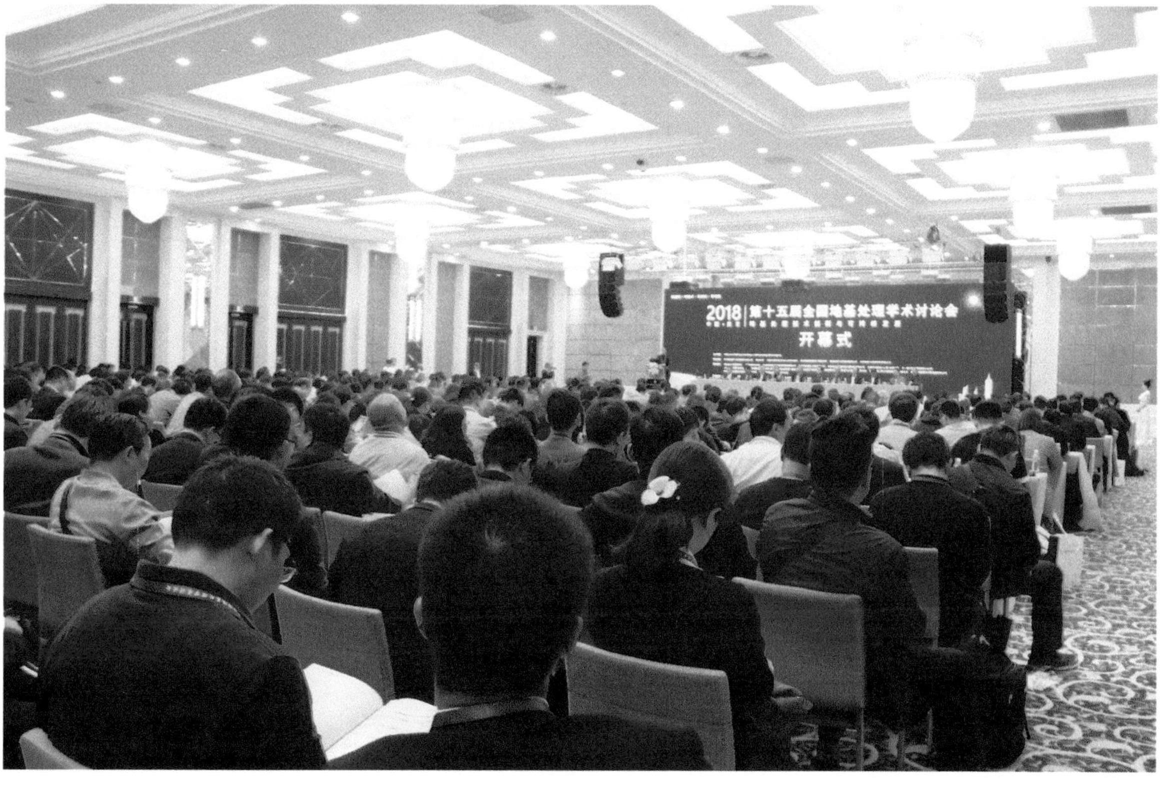

龚晓南

龚晓南　苏世灼

范士凯

韩杰

蔡袁强

郑刚

刘松玉

杜文山

丛蔼森

黄涛

李治

徐光黎

杨晓华

叶观宝

侯伟生

杨志银

周国然

薛炜

大会会场

会议签到

部分专家合影

23. 第十六届全国地基处理学术讨论会

2021 年 5 月 7—9 日，地点：重庆

第十六届全国地基处理学术讨论会于 2021 年 5 月 7 日至 9 日在重庆市召开。会议由中国土木工程学会土力学及岩土工程分会主办，重庆大学、重庆市建筑科学研究院、重庆市土木建筑学会岩土工程分会、中国岩石力学与工程学会环境岩土工程分会承办，重庆交通大学、河海大学、西南大学、山地城镇建设与新技术教育部重点实验室、库区环境地质灾害防治国家地方联合工程研究中心、重庆大学建筑设计规划研究总院、重庆大学产业技术研究院、长江师范学院协办。

5 月 8 日，第十六届全国地基处理学术讨论会在科苑戴斯酒店隆重开幕。400 余位地基领域的专家学者参与本次大会，大家齐聚一堂，围绕“‘一带一路’地基处理的机遇与挑战”共同交流学术观点，碰撞思维火花。

大会由重庆土木建筑学会岩土工程分会会长陆新教授主持。地基处理学术委员会主任、浙江大学龚晓南院士致开幕词。龚晓南院士代表地基处理学术委员会对大会的召开表示了衷心的祝贺，向出席此次大会的代表表示了热烈的欢迎。他表示地基处理学术委员会是一个很有活力的、学术氛围十分浓厚的分会，他希望同行们继续提高工程安全意识、创新意识、环境意识，为子孙后代留下一片绿色美好的世界。

刘松玉教授代表中国土木工程学会土力学及岩土工程分会向出席此次大会的来宾们致以了诚挚的欢迎。他表示通过充分的思想碰撞和经验分享，本次大会将会成为我国地基处理工程领域具有里程碑意义的一次盛会。

刘汉龙教授代表承办单位致辞。他表示全国地基处理学术讨论会经历了十六届的发展，已经成长为我国地基处理工程领域规模最大、影响最深、权威性最高的学术品牌和交流平台。他指出当前我国地基处理工程科技发展已经进入了新的历史机遇期，期望中国学者能够成为更多新理论的原创者、技术突破的贡献者、地基工程创新的实践者，成为新文化和新思想的引领者，为学科添彩，为国家争光。

两年一度的全国地基处理学术讨论会是我国地基处理工程领域历史较悠久、影响较深远的学术会议，第十六届全国地基处理学术讨论会围绕“‘一带一路’地基处理的机遇与挑战”的主题组织开展一系列专题论坛与专场展览活动，并开设复合地基理论与实践、地基处理新技术开发与应用、地基处理试验与计算理论、软土与吹填土地基处理技术、特殊土地基处理五个主要研究领域及方向的分会场进行学术交流，包含了 11 个大会特邀报告、70 多个学术报告进行交流。

大会特邀报告包括：

（1）“地基处理应重视的几个问题”，浙江大学龚晓南教授；

（2）“气动加固地基技术创新与应用”，东南大学刘松玉教授；

（3）“软土地基上复合地基支承路堤稳定分析进展”，天津大学郑刚教授；

（4）“海陆填土工程中疑难土力学问题的实践与认识”，陆军勤务学院陈正汉教授；

（5）“‘一带一路’沿线地基处理技术标准及工程实践”，中交四航工程研究院有限公司董志良教授级高级工程师；

（6）“Use of biogasdesaturation and bio-gelation for soil improvement”，新加坡南洋理工大学楚剑教授；

（7）“国外刚性复合地基研究新进展”，美国堪萨斯大学韩杰教授；

（8）“大面积陆域吹填超软地基快速加固技术与应用”，重庆大学刘汉龙教授；

（9）“强夯技术新进展”，中冶建筑研究总院周国钧教授级高级工程师；

（10）“成渝地区红层软岩地基承载性能及其工程应用研究”，中国建筑西南勘察设计研究院郑立宁教授级高级工程师；

（11）“‘一带一路’西部桥头堡——乌鲁木齐机场改扩建工程填方地基处理设计与实践”，华东建筑设计研究院有限公司吴江斌教授级高级工程师。

5 月 9 日下午，第十六届全国地基处理学术讨论会圆满落下帷幕。同济大学叶观宝教授致闭幕词，对本次会议进行了总结。

本次会议共收到论文 62 篇，经审查后录用 46 篇，内容包括复合地基、高真空击密、加筋土、湿陷性黄土地基加固、桩基、真空预压加固地基、轻质土路堤、岩溶区公路路堤、滨海地基处理等。会议论文集由重庆大学出版社出版。

宁夏大学获得第十七届学术讨论会的举办权。

开幕式

龚晓南

郑颖人

刘汉龙

陆新

谢永利

刘松玉

姚仰平

高玉峰

周海祚

陈正汉

董志良

常雷

芮瑞

陈永辉、张玲、唐晓武

凌贤长、刘汉龙、郑俊杰

叶观宝

楚剑和韩杰作线上报告

李耀良

王江锋

杨志红

王占雷

施建勇

王孝存

地基处理学术委员会会议

第十六届全国地基处理学术讨论会
——一带一路地基处理的机遇与挑战
主办单位：中国土木工程学会土力学及岩土工程分会
协办单位：重庆交通大学

部分专家与志愿者合影

24. 第十七届全国地基处理学术讨论会

2022 年 8 月 26—28 日，地点：银川

8 月 27 日，由中国土木工程学会土力学及岩土工程分会主办，宁夏大学、宁夏物理学会、中国岩石力学与工程学会环境岩土工程分会承办，清华大学、山西金宝岛基础工程有限公司、宁夏强夯机械工程有限公司、上海交通大学、中建中新建设工程有限公司等 14 家单位共同协办的第十七届全国地基处理学术讨论会在宁夏银川开幕。会议以“黄河流域高质量发展中地基处理的责任与担当”为主题。

二十多名特邀专家学者，一千余位专家学者以线上、线下等多种方式参加会议，交流地基处理新理论、新技术、新理念、新设备和新经验。中国工程院龚晓南院士、陈湘生院士和郑颖人院士，宁夏大学党委书记李星，党委常委、副校长王忠静，中国土木工程学会土力学及岩土工程分会秘书长张建红，宁夏科协二级巡视员赵文象等出席会议。王忠静副校长主持开幕式。

地基处理学术委员会主任龚晓南院士致开幕词，他介绍了会议举办背景并感谢承办单位在疫情期间为会议的筹办做出的突出贡献。李星书记对学术讨论会的召开表示祝贺，向莅临参加学术讨论会的各位专家学者表示热烈欢迎。张建红代表中国土木工程学会土力学及岩土工程分会致辞。

本次学术讨论会共设置了 21 场大会特邀报告、6 个分会场以及 86 个分会场报告开展学术交流，参会人员将围绕地基处理新技术的开发和应用、复合地基理论与实践、地基处理工程勘察技术、地基处理设计计算理论、地基处理施工设备、地基处理质量检测方法、岩土试验新方法及本构理论、西北采煤迹地地基处理、寒旱区路基处理、沙漠公路和铁路路基处理等领域开展学术交流与研讨，搭建起地基处理各分支学科之间、技术与产业之间的桥梁，促进交叉融合。

大会特邀报告包括：

（1）“关于工程思维的思考”，浙江大学龚晓南教授；

（2）“智能岩土与地下工程发展与思考”，深圳大学陈湘生教授；

（3）“桩土摩擦增强机制的复合地基理论与技术创新”，重庆大学刘汉龙教授；

（4）“气动共振法处理湿陷性黄土研究与应用”，东南大学刘松玉教授；

（5）“数字化微扰动四轴搅拌桩技术”，同济大学叶观宝教授；

（6）“杭甬高速公路复线钻孔桩泥浆处理”，浙江工业大学蔡袁强教授；

(7)“复杂地质条件高地震烈度区综合交通枢纽高填方边坡设计与研究”，华东建筑集团股份有限公司王卫东教授级高级工程师；

(8)“自流控制灌浆技术在坝基防渗中的应用”，清华大学金峰教授；

(9)“南方湿热地区耐久性路基设计理论与方法”，长沙理工大学张军辉教授；

(10)“透水混凝土桩复合地基技术”，山东大学崔新壮教授；

(11)“上海轨道交通非开挖建设技术的研究与实践”，上海市城市建设设计研究总院（集团）有限公司张中杰教授级高级工程师；

(12)“极软土超轻桩复合地基技术——补偿设计与计算方法”，长安大学谢永利教授；

(13)“桩基动力学理论新进展”，重庆大学丁选明教授；

(14)“集热场短桩基础受力特性现场试验与设计方法”，同济大学冯世进教授；

(15)“路堤下混凝土芯水泥土桩复合地基承载特性研究”，浙江大学俞建霖副教授；

(16)“地下工程水灾害防治技术的发展与‘工程医院’共享平台建设进展”，郑州大学王复明教授；

(17)“土工合成材料加筋土复合体力学特性研究”，同济大学徐超教授；

(18)“刚性桩复合地基几个问题的探讨”，广东省水利水电科学研究院杨光华教授；

(19)“透水管桩研究进展”，浙江大学梅国雄教授；

(20)“有效固结应力法的改进”，广东省交通规划设计研究院刘吉福教授；

(21)“岩土多尺度及材料特性相关塑性位势理论描述”，宁夏大学李学丰教授。

8 月 28 日下午，第十七届全国地基处理学术讨论会在浙江大学周建教授的主持下圆满落幕。

本次会议共收到投稿论文 58 篇，经审稿后录用 40 篇。其中在《地基处理》发表 32 篇，《宁夏工程技术》发表 8 篇。

哈尔滨工业大学获得第十八届学术讨论会的举办权。

龚晓南致辞

张建红致辞

龚晓南院士作特邀报告

陈湘生院士作特邀报告

叶观宝

张军辉

王卫东作特邀报告

杨仲轩、崔新壮

叶观宝、王洪新

冯世进

俞建霖

主办权交接

龚晓南、谢永利

郑颖人、龚晓南、陈湘生

志愿者

大会合影

25. 其他地基处理活动照片

左起：陈进才、陈仲颐、熊厚金

左起：涂光祉、龚晓南、杨鸿贵

左起：龚晓南、杜嘉鸿夫妇

左起：卢肇钧、刘金砺、汪闻韶、谢定义、龚晓南

前排：杨鸿贵、罗宇生、盛崇文、叶书麟、张永钧、杨灿文、周国钧
后排：王吉望、潘秋元、朱庆林、唐业清等

陈环、龚晓南

王正宏、龚晓南

前排：王吉望、叶书麟、盛崇文、杨灿文、罗宇生、张永钧
后排：周国钧、杨鸿贵、潘秋元、唐业清、朱庆林、平涌潮

叶政清、叶书麟

彭大用、叶书麟

左起：杨灿文、周镜、叶书麟、卢肇钧等

龚晓南、刘金砺、刘松玉

郑颖人、黄熙龄、周继垣、龚晓南

左起：龚晓南、包承纲、顾安全、濮家骝、王吉望

龚晓南、黄绍铭

魏汝龙、龚晓南

陈肇元、龚晓南、江见鲸、唐美树

窦宜、龚晓南

左起：龚晓南、沈珠江、钱家欢、钱征、陈环

钱家欢、龚晓南

龚晓南、谢永利

叶书麟（左 3）、吴肖茗（左 5）、陈仲颐（右 4）、卢肇钧（右 3）、沙祥林（右 1）

四、地基处理技术培训班

为了普及地基处理技术，提高地基处理水平，学会举办多次地基处理培训班。

(1) 1989 年 6 月 5—13 日，地基处理技术培训班，地点：烟台；

(2) 1991 年 5 月 6—18 日，地基处理技术培训班，地点：杭州；

(3) 1992 年 6 月 15—22 日，地基处理技术培训班，地点：秦皇岛；

(4) 1992 年 11 月 1—9 日，地基处理技术培训班，地点：杭州；

(5) 1993 年 5 月 31 日—6 月 6 日，建筑地基处理技术规范学习班，地点：杭州；

(6) 1993 年 10 月 17—24 日，地基处理技术和复合地基理论学习班，地点：杭州；

(7) 1994 年 5 月 28—6 月 4 日，地基处理技术和复合地基理论学习班，地点：杭州；

(8) 1995 年 5 月 26—6 月 2 日，地基处理技术和复合地基理论学习班，地点：杭州；

(9) 1996 年 5 月 26—6 月 2 日，地基处理技术和复合地基理论学习班，地点：杭州；

(10) 1997 年 5 月 3—20 日，地基处理技术和基坑围护设计培训班，地点：杭州；

(11) 1998 年 5 月 9—17 日，地基处理技术和复合地基理论培训班，地点：杭州；

(12) 1999 年 5 月 8—16 日，地基处理技术和基坑围护设计培训班，地点：杭州。

学会还配合中国土木工程学会在长春、合肥等地多次举办地基处理培训班，配合理事单位在昆明、西安、宁波、温州等地举行地基处理技术培训班。

师生合影

烟台培训班工作人员合影

《建筑地基处理技术规范》学习班
报到注意事项

____________同志：

由中国土木工程学会土力学及基础工程学会地基处理学术委员会主办的《建筑地基处理技术规范》学习班定于5月30日报到，5月31日至6月6日上课，地点在杭州浙江省水利厅招待所。现将有关事项通知如下：

(1)时间：5月30日报到，5月31日至6月6日上课。

(2)地点：浙江省水利厅招待所。地址在杭州火车站附近清泰立交桥南桥头的西侧巷内20m，在南桥头西侧有水利厅招待所指示牌。

(3)交通：①杭州火车站（城站）下车沿环城东路步行至立交桥，步行上立交桥，过桥到桥南头西侧，步行20m可到招待所。

②杭州火车东站（新客站）下车可乘公共汽车至杭州火车站下车，再接①路线步行到招待所。

③乘飞机可乘民航班机到民航售票处，转乘151路电车到杭州火车站，再按①路线步行到招待所。

(4)未由银行信汇交培训费的学员报到时交培训费、资料费共350元。

(5)教材：建筑地基处理技术规范及条文说明，中华人民共和国行业标准，1992，北京。

(6)食宿由学习班统一按排，费用自理。住宿费约14元/天至26元/天·床。

(7)需领结业证书的学员请带免冠照片1张。

(8)联系电话：(0571)572244转2319邱彩兰、邵建华或两人的家庭电话(0571)559848邱彩兰，(0571)572244—4031邵建华。

中国土木工程学会土力学及基础工程学会
地基处理学术委员会
1993.5.8

一九九三年昆明地基处理研讨会
XYD

五、《地基处理》刊物

在 1989 年召开的第二届地基处理学术讨论会期间，不少代表建议创办《地基处理》刊物，以满足交流、普及地基处理技术的需要。经过一年左右时间的筹备，学会同浙江大学在 1990 年第四季度出版了第一期《地基处理》刊物。随即呈报浙江省新闻出版局，获批为内部报刊准印证：(浙)字第 04-1022 号，1998 年换新的准印证（浙准印证）第 0127 号。

《地基处理》自创刊起一直得到很多岩土工程前辈和大师的帮助和支持，1990 年创刊时就邀请到了中国铁道科学研究院卢肇钧院士、周镜院士，中国建筑科学研究院黄熙龄院士，以及我国土木工程界著名的学者，如武汉大学冯国栋教授，清华大学陈仲颐教授，河海大学钱家欢教授，中国水利科学研究院蒋国澄研究员，上海建工局叶政青教授级高级工程师等担任顾问，由我国岩土工程老前辈浙江大学曾国熙教授担任《地基处理》编辑委员会主任委员，同济大学叶书麟教授、中国建筑科学研究院张永钧研究员、上海建工彭大用教授级高级工程师、武汉水利电力学院刘祖德教授、天津大学顾晓鲁教授、南京水利科学研究院盛崇文研究员、中国铁道科学研究院杨灿文研究员、冶金建筑科学研究院王吉望研究员、长江科学院包承纲教授、太原理工大学范维垣教授等一大批全国知名地基处理专家组成编辑委员会。

这些专家来自建筑、交通、铁道、水利等各个领域，他们刮摩淬励 、钻坚研微，极大推动和促进了我国地基处理的发展。例如盛崇文先生最早提出将概率、可靠度、多因素分析法应用到地基处理设计中，在《地基处理》1990 年第一期中撰文《用多因素分析法优选地基加固方案和地基设计新途径》，将传统的地基确定性设计方法拓展到能反映事物本质的随机性甚至模糊性方法上，为后面地基处理的优化设计打开了新思路；现在公路、铁路路堤中大量运用的桩承堤技术国内最早由浙江大学王铁儒教授在《地基处理》撰文论述提出（1992 年第一期）；水平旋喷技术最早也是由《地基处理》(1990 年第一期）介绍到国内，将当时国内仅有的垂直旋喷技术发展到水平方向，并在地下隧道、涵洞、矿山巷道、人防和城市地道等不宜大开挖的地下建设工程施工及坍方事故处理中得到成功应用。

鉴于《地基处理》对行业发展的重要影响力和突出贡献，2019 年 2 月 28 日，国家新闻出版署正式发文，同意创办《地基处理》，双月刊，刊号：CN 33—1416/TU。

注 意 事 项

一、本证为内部报刊合法出版之凭证，请妥为保管。不得转借、转让、出租、出卖。

二、内部报刊如需对登记项目进行调整、改动时，应向登记发证机关申请变更登记，不得自行涂改。停刊时应将本证交回登记机关。

三、内部报刊出版时，必须将主办单位、准收工本费价格和本准印证全称及编号印在报刊上。其中期刊印在封底下角。

四、凡持有“内部报刊准印证”，用于本系统、本单位指导工作，交流经验、交换信息，并在行业内部进行交换的资料性、非商品性内部报刊，称为“非正式报刊”。非正式报刊不得公开发行、陈列、不准销售，不得进行任何经营活动。

五、报刊出版后，应按规定及时向省新闻出版局报刊管理处缴送样报样刊一式三份。

六、不得使用本登记证及刊号另行出版增刊、图书、资料，或为其它出版物刊登出版消息和广告。

有效期1990年1月1日至1991年12月31日止

报刊名称	地基处理		
主办单位	浙江大学		
主管单位	浙江大学		
报刊负责人	龚晓南		
刊　　期	季刊	开(张)本	16开
页码(版)数	64页	准收工本费	2.00元
发行范围	全国土木系统		
内部报刊准印证：	（浙）字第04-1022号		

浙江省新闻出版局

1991年3月22日

《地基处理》第一期封面

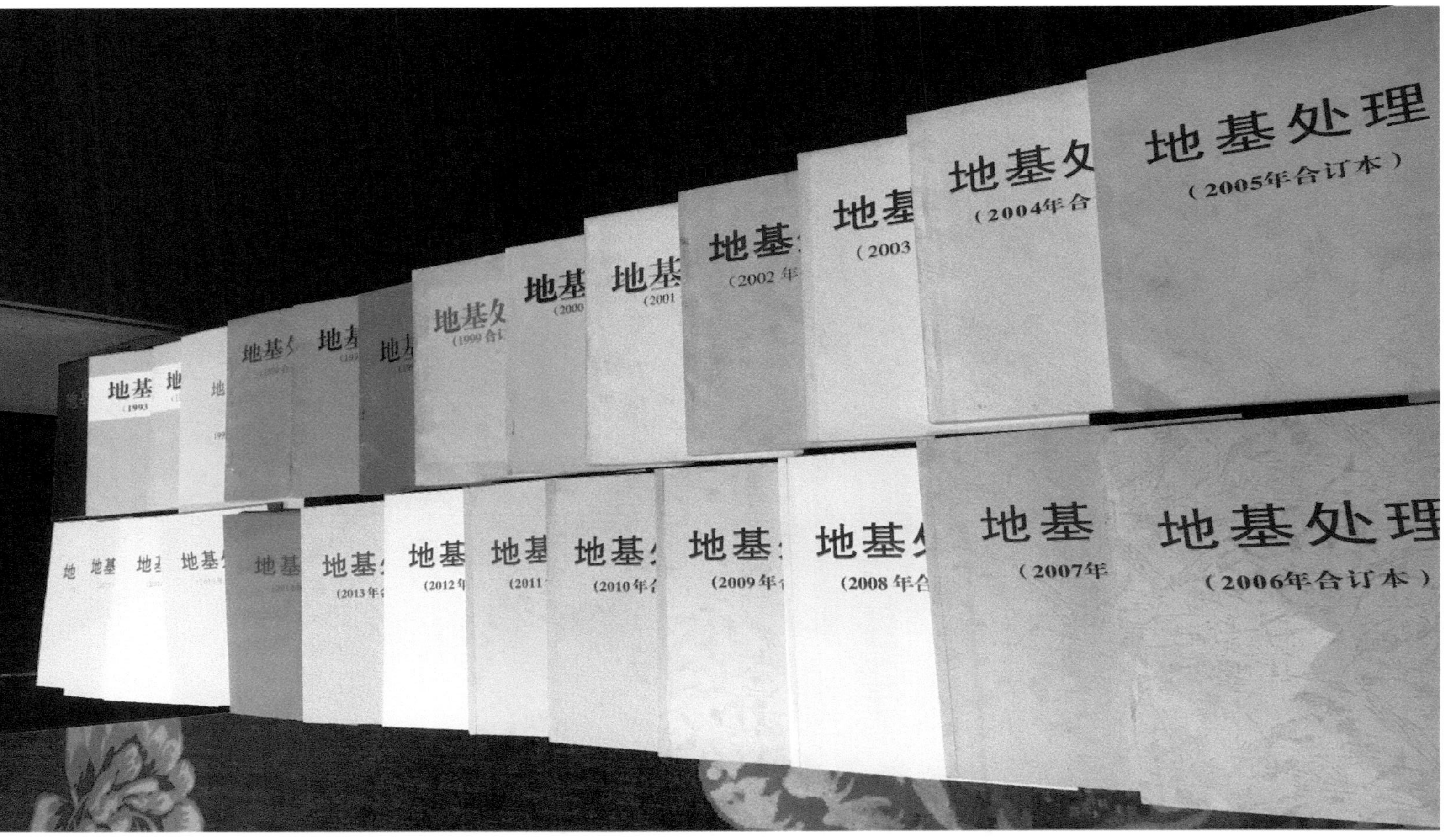

《地基处理》期刊（1990—2019 年）

《地基处理》三十年U盘（收录1990—2019年所有刊出论文）

期 刊 出 版 许 可 证

浙 期出证字第 180 号

期刊名称	地基处理	出版单位	浙江大学出版社有限责任公司
国内统一连续出版物号	CN 33 — 1416 / TU	工作场所	浙江省杭州市西湖区天目山路148号
文　　种	中文	法定代表人	褚超孚
刊　　期	双月刊	主管单位	教育部
开　　本	大16开	主办单位	浙江大学
发行范围	公开发行		

根据《出版管理条例》规定，准予该期刊出版。

有效期限　至2028年12月31日

2024年1月1日

116

第11卷第3期(总40) 地 基 处 理 2000年9月

编者的话

本刊编辑部(杭州,310027)

《地基处理》创刊于1990年10月,至今已出版、发行十年。为了祝贺《地基处理》创刊十周年,特出此专辑以示祝贺并作纪念。

《地基处理》创刊,源自地基处理界同行们的建议和鼓励,出版、发行十年靠的是土木工程界,特别是地基基础领域广大同行的支持和帮助,尤其是前辈们的教诲和指导。值此创刊十周年之际,首先让我们对论文作者、广大读者,对《地基处理杂志社》成员单位,对各位顾问、历届编委、审稿专家学者,对所有支持、关心本刊的朋友们致以诚挚的谢意。

自改革、开放以来,我国土木工程建设发展很快。为了满足土木工程建设发展的需要,各种地基处理方法应运而生,地基处理技术迅速发展。为了普及、推广地基处理新技术,促进地基处理实践和理论的发展,中国土木工程学会土力学及基础工程学会地基处理学术委员会会同浙江大学土木工程学系于1990年共同创办《地基处理》刊物。并于1994年邀请部分长期从事地基处理的科研、教学、勘察、设计、施工以及地基处理机械制造厂家共同组建《地基处理杂志社》,共同办好刊物。办刊十年,出版四十期,共发表论文419篇,和通讯、报导等。论文作者遍及23个省、市、自治区,论文作者中科研单位约占28%,设计、施工等单位约占45%,高等院校约占27%。刊物发表的文章,基本涵盖了地基处理的各个领域,介绍了国内外一些新的地基处理方法,报道了地基处理的实践,包括勘察、设计、施工、监测,以及理论研究。系统地刊登了一些专题讲座,也曾就不同领域、不同地区,刊出一些专辑。针对一些专门课题,设立"一题一议"专栏,为了更新更快了解国外技术进展,除刊登一些译文外,最近开辟了"外文摘要"专栏。本刊还报导了全国地基处理学术讨论会从第三届(1992)以来的历届情况。中国土木工程学会土力学及岩土工程分会从总第37期起在本刊设立"中国土木工程学会土力学及岩土工程分会专栏"。《地基处理》创刊十年,承蒙土木工程界广大同仁关怀与支持,使本刊不断充实发展,得到土木工程界,特别是地基处理同仁们的欢迎,在国内已有一定影响。从《地基处理》刊物也可看到我国地基处理技术的发展和提高。

《地基处理》办刊十年,虽取得一定成绩,但与推广、普及地基处理技术的要求,与广大读者的期望还存在不小的差距。办刊十年,虽取得一定经验,但也存在不少问题,需要不断努力,集思广益,群策群力。编辑部全体同仁决心认真总结经验与教训,加强学习,加强交流,齐心协力,办好刊物。也希望广大读者,特别是各位顾问、编委一如既往,给以支持和帮助。

各位顾问百忙之中为本专辑撰文、题词,给我们很大鼓舞,对他们多年来的关怀和鼓励,在此再次表示感谢。

让我们共同努力,办好《地基处理》刊物,更好地为促进我国地基处理技术不断提高而努力。

《地基处理》成立十周年编者的话

《地基处理》创刊十周年的祝贺与感想

卢肇钧
（铁道部科学研究院铁道建筑研究所）

当中国土木工程学会土力学及基础工程学会 1983 年在武汉召开第四届全国学术会议期间，许多会员们提出了进一步总结提高我国各类基建工程中所采用的地基处理技术的建议。会议决定成立“地基处理学术委员会”，挂靠在浙江大学土木工程学系，并委托曾国熙和龚晓南教授牵头邀请全国各部门地基处理专家共同交流、总结、普及和提高我国所需用的各种地基处理学术。自那时以后，“地基处理学术委员会”在全国各部门几十位专家教授的分工合作下，编写了《地基处理手册》的初稿。学会又于 1985 年在青岛召开的学会第二届理事会上，听取了手册编写组的汇报并讨论提出一些补充修改意见后，于 1988 年正式出版了我国第一部《地基处理手册》。

手册的出版受到全国各建筑、水利、交通和铁道部门设计施工单位的普遍欢迎并掀起了学习、推广并继续研究地基处理新技术的全国性一浪又一浪的高潮。因此，地基处理学术委员会和浙江大学土木系在 1990 年联合创办《地基处理》刊物，为同行专家们提供了推广、交流地基处理新技术研究成果的园地，至今已有十年历程。

欣逢《地基处理》创刊十周年，我谨向为此操劳十七年（自 1984 年开始为地基处理学术委员会服务）的编辑部同志们致敬，并在回顾这段历史的过程中深深怀念那些仍健在但已退休以及现已作古的几位老专家教授们，他们曾经是“筚路蓝缕、以启山林”的开拓者，面对着现在地基处理新技术在全国蓬勃发展，新的人才辈出、百花齐放的大好局面，他们也一定会感到十分欣慰。但饮水思源，那些曾经为我们开路的老专家们仍然是功不可没的。

地基处理新技术的发展和提高除了对各种机具和工艺的改进外，还正在进行各种复合地基理论的探索研究。其中复杂的力学相互作用往往是与我们尚未深知的某些力学特性，如土的动力特性、蠕变特性、渗流特性以及非饱和土的强度特性等有关联的。谢定义教授曾经说：“岩土工程学的发展，往往是先技术、后理论；先实验，后理论”；而且是互相启发、互为因果的。因此，如何充分利用我国地基处理工作中大量的经验与教训，使这方面有关的学术研究与工程实际相结合，将不仅能节省大量的工程建设投资，同时也将提高我国的学术水平。

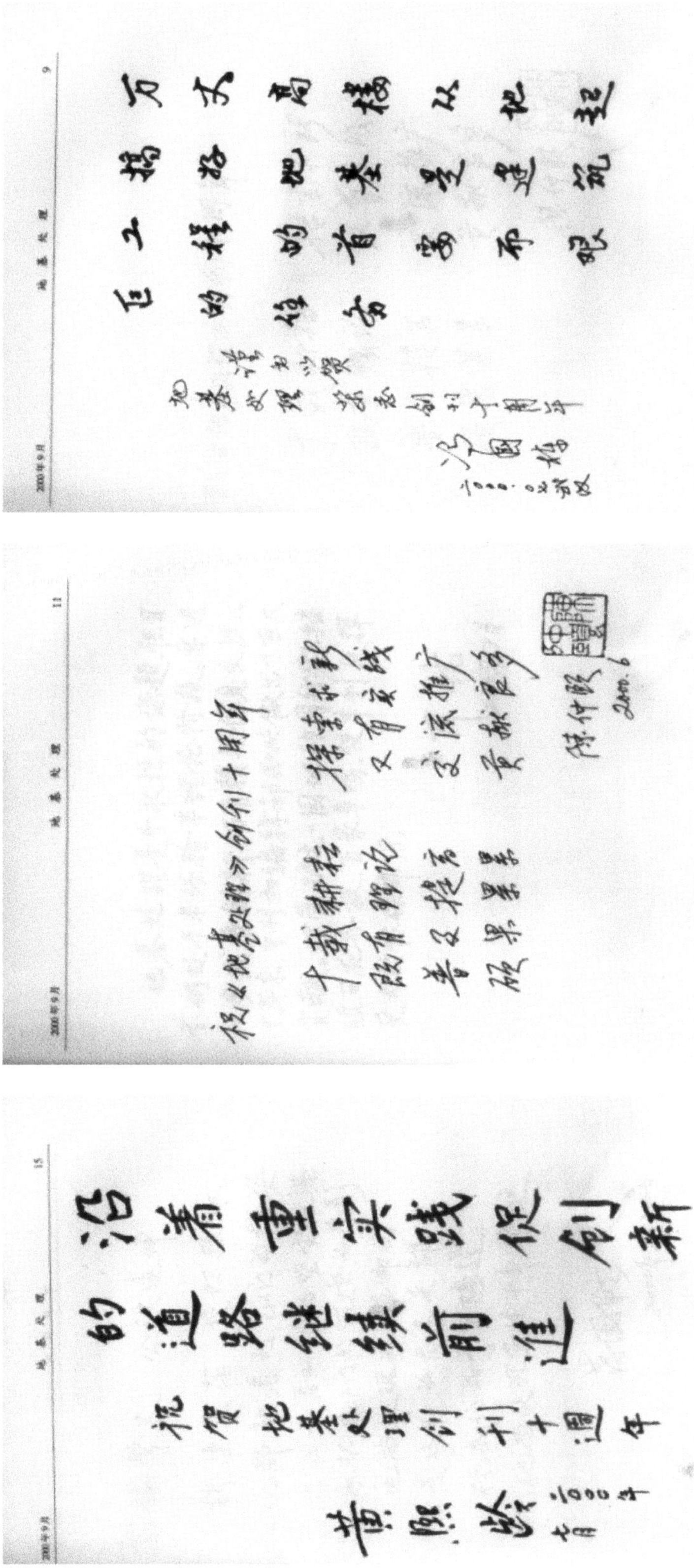

沿着重实践促创新的道路继续前进

祝贺地基处理创刊十週年

黄熙龄 二〇〇〇年七月

祝《地基处理》创刊十周年

十载耕耘 探索求新
既有理论 又有实践
普及提高 交流推广
硕果累累 贡献良多

陈仲颐 2000.6

万丈高楼从地起
搞好地基是建筑
工程的首要而艰
巨的任务

谨书以贺
地基处理杂志创刊十周年

冯国栋 二〇〇〇.八 武汉

我国地基处理界老前辈黄熙龄先生、陈仲颐先生、冯国栋先生祝贺创刊十周年题词

2000年9月 地基处理 7

团结广大的同行们，为促进地基处理在工程上的应用、在理论上的发展作出贡献

祝贺《地基处理》创刊十周年纪念

曾国熙敬贺
2000，7.

2000年9月 地基处理 13

地基处理是个永恒的课题，但目前仍处于半经验半理论阶段。要进一步发展创新，仍有赖于信息交流。十年来，本刊和编辑部为此做出了巨大贡献。祈爱护这一园地的同行们，继续百花齐放，百家争鸣，使本刊发挥更大的传媒作用。

周镜
2000年7月

2000年9月 地基处理 17

高楼擎天 公铁远伸
桥梁飞架 堤坝拦水
人们都能看到它们的雄姿
但正是看不到的坚实地基
支承起它们的沉重的身影
地基处理的工程师们
正是这样的无名英雄
祝我们的事业腾达
祝地基处理杂志十年华诞

蒋国澄
2000年7月22日

我国地基处理界老前辈曾国熙先生、周镜先生、蒋国澄先生祝贺创刊十周年题词

第21卷第4期（总81） 地 基 处 理 Vol.21 No.4(Total 81)
2010年12月 Ground Improvement Dec.,2010

坚持不断努力，办好《地基处理》刊物

——祝贺《地基处理》创刊二十周年

本刊编辑部

《地基处理》创刊于1990年10月，至今已出版、发行二十年。为了祝贺《地基处理》创刊二十周年，特出此专辑以示祝贺并作纪念。

《地基处理》创刊源于地基处理界同行们的建议和鼓励。1986年和1989年中国土木工程学会土力学及基础工程学会（现改称为土力学及岩土工程分会）地基处理学术委员会分别在上海宝钢和山东烟台成功举办第一届和第二届全国地基处理学术讨论会，会上不少专家学者建议创办一本地基处理领域的刊物。为了普及、推广地基处理新技术，为广大工程技术人员提供一个交流地基处理技术和经验的平台，适应土木工程建设对地基处理的需求，促进我国地基处理技术水平不断提高，中国土木工程学会土力学及基础工程学会地基处理学术委员会同浙江大学土木工程学系于1990年共同创办《地基处理》刊物，并于1991年起在浙江新闻出版局登记为内部刊物。为了更好地得到广大同行的支持，1994年成立《地基处理》杂志社，2005年成立《地基处理》理事会。办刊至今已历经六届《地基处理》编辑委员会。第一届至第五届编辑委员会名单，《地基处理》杂志社和《地基处理》理事会成员单位名单见附录。

《地基处理》刊物出版、发行二十年靠的是土木工程界，特别是地基处理领域广大同行的支持和帮助。值此创刊二十周年之际，首先让我们向论文作者、广大读者，对《地基处理》杂志社和理事会成员单位，对各位顾问、历届编委、审稿专家学者，对所有支持，关心和帮助《地基处理》的朋友们致以诚挚的谢意。

《地基处理》刊物出版二十年，已出版捌十期，发表论文786篇。并于1995年第2期起设“一题一议”栏目至今已发表短文近百篇，还设立译文栏目介绍国外的地基处理技术、施工机械和工程案例，另外还有通讯、报导等栏目。刊物发表的文章，来自建筑、交通、铁道、水利、市政等各个工程领域，基本涵盖了地基处理的各个领域。《地基处理》刊物强调贴近工程，为工程服务。二十年过去了，《地基处理》至今还是内部出版物，但它已是我国地基处理界知名的内部技术刊物，拥有较多固定的读者群，它已成为地基处理同行交流地基处理新技术、新方法、新经验、新理论的园地。二十年来承蒙土木工程界广大同仁的关怀与支持，使本刊不断得到发展，并得到土木工程界，特别是地基处理同仁们的欢迎。

《地基处理》办刊二十年，虽取得一定成绩，但与推广、普及地基处理技术的要求，与广大读者的期望还存在不小的差距。办刊二十年，道路是艰辛的。虽取得一定经验，但也存在不少问题，需要编辑部全体同仁面对各种困难，坚持努力，认真总结经验和教训，加强学习，加强交流，齐心协力，办好刊物。也希望广大读者、特别是各位顾问、编委、理事和理事单位一如既往，给以支持和帮助。

让我们坚持不断努力，继续办好《地基处理》刊物，更好地为促进我国地基处理技术不断提高而努力。

《地基处理》公开发行发布会（2019 年 8 月 25 日）

高文生研究员代表中国建筑科学研究院地基所向《地基处理》期刊赠送纪念品

《地基处理》大事记

2019 年　《地基处理》公开发行发布会
　　　　中国知网收录，维普收录
2020 年　《地基处理》三十年 U 盘发行
　　　　《地基处理》公众号开通
2021 年　《地基处理》采编审系统开通
　　　　《地基处理》封面改版，彩色印刷
　　　　超星收录，万方数据收录，《中国期刊引证报告（扩展版）》收录
　　　　开通知网阅读电子刊
2022 年　《地基处理》增刊发行
　　　　中国知网网络首发
　　　　《地基处理》网站开通
　　　　入选《中国学术期刊影响因子年报》统计源期刊
　　　　EBSCO 收录
2023 年　《乌利希期刊指南（网络版）》注册成功
2024 年　中邮阅读网收录，地基处理书店（微店）开通

浙江大学《地基处理》期刊公开发行首刊发布会在杭州举行

经国家新闻出版署批准，由浙江大学主办、中华人民共和国教育部主管、浙江大学出版社出版的《地基处理》期刊于 2019 年 8 月 25 日在浙江杭州举办公开发行首刊发布会。该期刊的出版发行，将为普及、推广地基处理新技术，满足土木工程建设发展对地基处理技术的需求，促进我国地基处理技术水平不断提高，提供良好的交流平台。

2020《地基处理》编委会及理事会工作会议圆满召开

为系统回顾和分析《地基处理》编辑部在过去一年取得的成绩及存在的问题，科学规划未来的发展方向，合理安排各项工作，充分发挥理事和编委在办刊工作中的指导和支撑作用，《地基处理》编辑部于 10 月 23 日下午“岩土工程西湖论坛（2020）”召开之际，在杭州举办了 2020 年度《地基处理》编委会及理事会工作会议。

会上常务副主编周建教授和副主编应宏伟教授对《地基处理》过去一年的工作进行了回顾和总结汇报，对期刊的数字化、信息化建设进行了介绍，并提出期刊下一步发展计划和目标。为进一步提高期刊活力，编委会还增补了 25 名青年编委。

周建教授汇报总结

应宏伟教授介绍发言

会议盛况

会议举行了《地基处理》三十年 U 盘发行仪式。该 U 盘汇总收录了《地基处理》在 1990 年 10 月—2019 年 3 月期间发行的所有论文。《地基处理》主编、中国工程院龚晓南院士和浙江大学出版社褚超孚社长一起为 U 盘揭幕。

《地基处理》三十年 U 盘发行仪式

龚院士和褚社长揭幕

《地基处理》主编龚晓南院士进一步明确了《地基处理》的定位,《地基处理》是一本结合工程实例与理论的期刊，侧重工程实践的分享和研究。他对期刊专栏的设置和发展提出了建议和期望。浙江大学出版社褚超孚社长强调了办刊经验信息共享的重要性，并指出了编委在期刊发展过程中的重要作用。

龚晓南院士

浙江大学出版社褚超孚社长

与会代表围绕期刊下一步的工作和发展方向展开积极讨论，各位编委为期刊的发展纷纷建言献策。

清华大学宋二祥教授

中国兵器工业北方勘察设计研究院有限公司王长科大师

东南大学刘松玉教授

同济大学叶观宝教授

天津大学郑刚教授

华中科技大学郑俊杰教授

青年编委和理事单位也畅所欲言，提出了很多宝贵的意见和建议。

青年编委踊跃发言讨论

2020《地基处理》编委会及理事会工作会议合影

2021《地基处理》编委会及理事会工作会议圆满召开

为系统回顾和分析《地基处理》杂志社在过去一年取得的成绩及存在的问题，科学规划未来的发展方向，合理安排各项工作，充分发挥理事和编委在办刊工作中的指导和支撑作用，《地基处理》编辑部于 10 月 22 日下午、“岩土工程西湖论坛（2021）”召开之际，在杭州举办了 2021 年度《地基处理》编委会及理事会工作会议。

会上常务副主编周建教授对《地基处理》过去一年的工作进行了回顾和总结汇报，介绍了期刊的质量提升工作，数字化、信息化建设以及存在的问题，并汇报期刊下一步发展目标，以及申报核心期刊的准备工作和具体计划。

编委会主任龚晓南院士肯定了编辑部过去一年的工作和关于申报核心期刊的三步走工作计划，提出了拓宽期刊涉及专业领域、扩大编委会规模、增加期刊栏目等建议，并指出为了鼓励大家积极投稿，提高稿件质量，编委会可以考虑结合全国地基处理学术讨论会的举办，评选期刊优秀论文，并在讨论会上设立颁奖环节。

常务副主编周建教授作年度工作报告

编委会主任龚晓南院士发言

与会编委围绕提高期刊质量、扩大期刊学术影响力和尽早成功申请核心期刊等工作展开积极讨论，为期刊的发展积极建言献策。

编委会副主任同济大学叶观宝教授

编委会副主任东南大学刘松玉教授

清华大学宋二祥教授

上海交通大学陈龙珠教授

广东省水利水电科学研究院名誉院长
杨光华教授

副主编应宏伟教授

浙江大学唐晓武教授

浙江大学谢新宇教授

重庆大学丁选明教授

青年编委和理事单位也畅所欲言，提出了很多宝贵的意见和建议。

中交四航局工程研究院曾庆军博士

同济大学吕玺琳教授

浙江省建筑设计研究院李瑛博士

同济大学张振副教授

2021《地基处理》编委会及理事会工作会议合影

2022《地基处理》编委会及理事会工作会议圆满召开

为系统回顾和分析《地基处理》杂志社在过去一年取得的成绩及存在的问题，充分发挥理事和编委在期刊工作中的指导和支撑作用，《地基处理》编辑部于10月21日下午，在杭州花家山庄举办了2022年度《地基处理》编委会及理事会工作会议，对期刊未来发展方向进行了规划、各项工作作出安排。

会上常务副主编周建教授对《地基处理》过去一年的工作进行了回顾和总结汇报，介绍了期刊的采编工作、核心期刊申请、新媒体建设等工作成果，汇报了期刊下一步发展目标，并在会上着重针对四大问题引导大家讨论：(1) 优秀论文评选（包括论文范围、评选标准、评选流程和评选结果）；(2) 数据库申请；(3)“打造”高引文章；(4) 如何服务好理事会。

常务副主编周建教授作年度工作报告

编委会主任龚晓南院士肯定了编辑部过去一年工作，并对优秀论文评选范围、评选标准和流程提出了意见和建议。重庆大学刘汉龙教授提出期刊既要坚持自身的特色，同时也要兼顾客观的评价指标（如引用率），可以主客观结合，对论文评价的权重进行调整，评选的流程可以分为初评、复评和终评。浙江工业大学蔡袁强教授指出论文的初评除了考虑客观指标之外，还可以由编委会副主任委员进行推荐，扩大初评范围。华东建筑设计院王卫东总工、同济大学黄茂松教授、天津大学郑刚教授、同济大学叶观宝教授、浙江大学徐日庆教授、浙江大学出版社曾建林主任、宁波中淳高科副总裁张日红、哈尔滨工业大学凌贤长教授等都针对议题各抒己见。

编委会主任龚晓南院士

重庆大学刘汉龙教授

浙江工业大学蔡袁强教授

华东建筑设计院王卫东总工

同济大学黄茂松教授

天津大学郑刚教授

同济大学叶观宝教授

浙江大学徐日庆教授

浙江大学出版社曾建林主任

宁波中淳高科副总裁张日红

哈尔滨工业大学凌贤长教授

与会编委围绕四大议题积极发言，为期刊的发展纷纷献计献策。

温州大学王军教授

浙江大学俞建霖教授

浙江科技学院罗战友教授

武汉大学郑俊杰教授

青年编委和理事单位也畅所欲言，提出了很多宝贵的意见和建议。

同济大学张振副教授

浙江工业大学建筑设计研究院占宏

武汉大学曹子君教授

中天建设集团有限公司黄山

杭州市勘测设计研究院有限公司岑仰润

山西金宝岛基础工程有限公司董宝志总工

最后，期刊的三位副主编都作了总结性发言，本次工作会议圆满结束。

常务副主编周建教授发言

副主编应宏伟教授发言

副主编袁静院长发言

2023《地基处理》编委会及理事会工作会议圆满召开

为回顾和分析《地基处理》杂志社在过去一年取得的成绩及存在的问题，科学规划未来的发展方向，合理安排各项工作，充分发挥理事和编委在期刊工作中的指导和支撑作用，《地基处理》编辑部于10月20日下午，在杭州花家山庄举办了2023年度《地基处理》编委会及理事会工作会议。

首先，会上常务副主编周建教授对《地基处理》过去一年的工作进行了回顾和总结汇报，介绍了期刊的采编工作、数据库收录、新媒体建设等工作成果，以及期刊的工作展望，并结合期刊的发展引导大家积极讨论。

与会嘉宾积极发言，为期刊的发展纷纷献计献策。河海大学施建勇教授率先发言，肯定了编辑部的工作，指出稿件的质量有所上升，编辑部的运行也逐渐规范。山西金宝岛基础工程有限公司董宝志总工从理事单位的角度对增刊的工作提出了建议。浙江大学谢新宇教授从期刊文章的结构方面提出了自己的建议。浙江省建筑设计研究院李瑛博士对多媒体建设及稿件选择发表了自己的观点。上海交通大学陈龙珠教授指出编辑部需要对投稿指南进行完善，并给出如何提高引用率的建议。东南大学刘松玉教授提出期刊发展应短期目标和长期目标相结合，可采用约稿的方式提高稿件质量。太原理工大学葛忻声教授、中科院广州化灌工程有限公司薛炜董事长以及其他嘉宾也围绕期刊的发展各抒己见。

浙江大学周建教授主持会议

河海大学施建勇教授

山西金宝岛基础工程有限公司董宝志总工

浙江大学谢新宇教授

浙江省建筑设计研究院李瑛博士

上海交通大学陈龙珠教授

东南大学刘松玉教授

太原理工大学葛忻声教授

中科院广州化灌工程有限公司薛炜董事长

编委会主任龚晓南院士作了总结发言。龚院士肯定了编辑部过去一年的工作，并对稿件的选择、编辑部的工作重点提出了意见和建议。

浙江大学龚晓南院士发言

附：《地基处理》历届编委会名单

《地基处理》第一届编辑委员会（按姓氏笔画为序）
（1990 年 3 月—1993 年 2 月）

顾　　　问：冯国栋　叶政青　卢肇钧　陈仲颐　周　镜　钱家欢
黄熙龄　蒋国澄
主 任 委 员：龚晓南
副主任委员：王吉望　叶书麟　刘祖德　张永钧　盛崇文　潘秋元
委　　　员：马时冬　卞守中　方永凯　方佑详　白日升　王吉望
王承树　王伟堂　王洪恩　王铁儒　包承钢　乐子炎
叶书麟　叶柏荣　史美筠　向华龙　朱庆林　朱桐浩
朱梅生　刘金砺　刘祖德　刘家豪　严人觉　严云旭
李广信　吴世明　吴廷杰　吴肖铭　邹　敏　张永钧
张在明　张作瑂　张咏梅　张毓英　张道宽　陈　环
陈光旦　陈国靖　汪益基　杜嘉鸿　郑尔康　罗宇生
罗梅云　罗毓华　林本銮　杨灿文　杨位洸　周志道
周国钧　祁思明　范维垣　俞仲泉　娄　炎　益德清
徐正分　贾庆山　涂光祉　顾安全　顾尧章　顾晓鲁
高有潮　高宏兴　钱　征　宰金珉　宰金璋　唐　敏
龚一鸣　龚晓南　黄邵铭　曹沂风　盛崇文　康景俊
彭大用　曾国熙　曾昭礼　韩仲卿　韩选江　阎明礼
熊厚金　潘秋元

《地基处理》第二届编辑委员会（按姓氏笔画为序）
（1993 年 3 月—1994 年 2 月）

顾　　　问：冯国栋　卢肇钧　陈仲颐　周　镜　钱家欢　黄熙龄
蒋国澄　曾国熙
主 任 委 员：龚晓南
副主任委员：王吉望　叶书麟　刘祖德　张永钧　盛崇文　潘秋元
主　　　编：潘秋元
委　　　员：马时冬　卞守中　方永凯　方佑详　白日升　王　钊
王吉望　王承树　王伟堂　王洪恩　王铁儒　王盛源
邓祥林　包承钢　乐子炎　叶书麟　叶柏荣　史美筠

朱庆林　朱桐浩　刘金砺　刘祖德　刘家豪　严云旭
李广信　李旭升　李国新　吴世明　吴廷杰　邹　敏
张永钧　张在明　张作瑂　张咏梅　张毓英　陈　环
陈光旦　陈国靖　郑尔康　罗宇生　罗梅云　罗毓华
林本銮　杨灿文　杨晓东　周志道　周国钧　祁思明
要明伦　俞仲泉　娄　炎　益德清　贾庆山　涂光祉
顾安全　顾尧章　顾晓鲁　高有潮　高宏兴　高钟璞
宰金珉　宰金璋　唐　敏　龚一鸣　龚晓南　黄邵铭
盛崇文　康景俊　彭大用　曾昭礼　韩　杰　韩选江
阎明礼　熊厚金　潘秋元　霍启联

《地基处理》第三届编辑委员会（按姓氏笔画为序）
（1994 年 3 月—2001 年 2 月）

顾　　问：冯国栋　卢肇钧　陈仲颐　周　镜　黄熙龄　蒋国澄
曾国熙
主任委员：龚晓南
副主任委员：王吉望　叶书麟　张永钧　潘秋元
主　　编：潘秋元
委　　员：马时冬　卞守中　方佑详　王　钊　王吉望　王伟堂
王盛源　王启铜　邓祥林　冯光愈　史光金　史美筠
白日升　邝健政　包承钢　乐子炎　叶书麟　叶柏荣
朱　洪　朱庆林　朱家麒　朱桐浩　刘金砺　乔志新
严云旭　李广信　李旭升　李志国　吴廷杰　邹　敏
张永钧　张在明　张作瑂　张咏梅　陈光旦　陈伯洪
郑尔康　罗宇生　罗梅云　杨灿文　杨晓东　杨鸿贵
杨少文　周龙翔　周志道　周国钧　祁思明　要明伦
俞仲泉　侯伟生　贾庆山　涂光祉　顾尧章　顾晓鲁
徐少曼　高宏兴　高钟璞　唐　敏　龚一鸣　龚晓南
康景俊　彭　文　彭大用　曾昭礼　韩　杰　韩选江
虞　锋　阎明礼　熊厚金　潘秋元　霍启联

《地基处理》第四届编辑委员会（按姓氏笔画为序）
（2001 年 3 月—2005 年 11 月）

顾　　问：冯国栋　卢肇钧　叶书麟　陈仲颐　周　镜　黄熙龄

蒋国澄　曾国熙
主 任 委 员：龚晓南
副主任委员：王吉望　叶书麟　张永钧　潘秋元
主　　　编：潘秋元
委　　　员：马时冬　方永凯　王　钊　王吉望　王伟堂　王明森
王盛源　王启铜　王勤生　冯光愈　史存林　邝健政
包承钢　叶观宝　叶柏荣　朱　洪　朱向荣　刘鑫泉
刘国楠　刘松玉　刘　毅　刘金砺　李广信　李长宏
李旭升　李志国　李明逵　吴廷杰　陆贻杰　苏振明
张永钧　张在明　张建民　张安松　张作瑂　张咏梅
郑尔康　罗宇生　郑　刚　周　建　周玉印　周国钧
周国然　杨晓东　杨晓军　明图章　施建勇　侯伟生
袁内镇　贾庆山　涂光祉　常　璐　顾晓鲁　徐少曼
高宏兴　裘慰伦　龚一鸣　龚晓南　谢永利　彭大用
曾昭礼　阎明礼　熊厚金　滕文川　滕延京　潘秋元

《地基处理》第五届编辑委员会（按姓氏笔画为序）
（2005 年 12 月—2010 年 11 月）

顾　　　问：冯国栋　包承钢　卢肇钧　叶书麟　刘金砺　张永钧
张在明　陈仲颐　周　镜　郑颖人　顾晓鲁　黄熙龄
彭大用　曾国熙　蒋国澄　潘秋元
主 任 委 员：龚晓南
副主任委员：叶观宝　刘汉龙　刘国楠　刘　波　朱向荣　周　建
侯伟生　滕延京
主　　　编：龚晓南
副　主　编：周　建
委　　　员：马时冬　方永凯　王立志　王伟堂　王吉望　王启铜
王　钊　王勤生　冯光愈　史存林　叶观宝　叶柏荣
邝健政　刘汉龙　刘吉福　刘国楠　刘松玉　刘　波
朱向荣　吴慧明　岑仰润　张咏梅　张建民　张清华
李广信　李长宏　李志国　李明逵　杨晓东　杨晓军
苏振明　周国钧　周国然　周　建　周群建　郑尔康
郑　刚　侯伟生　施建勇　夏建中　袁内镇　高文生
常　璐　龚晓南　曾昭礼　童小东　谢永利　谢新宇
裘慰伦　熊厚金　滕文川　滕延京

《地基处理》第六届编辑委员会（按姓氏笔画为序）
（2010 年 12 月—2019 年 7 月）

顾　　问：叶书麟　包承钢　冯国栋　叶柏荣　刘金砺　张永钧
陈仲颐　张苏明　陈祖煜　周　镜　郑颖人　顾宝和
顾晓鲁　黄熙龄　彭大用　蒋国澄　曾国熙　潘秋元

主任委员：龚晓南

副主任委员：王立忠　叶观宝　刘汉龙　刘国楠　杜世贵　周　建
侯伟生　施祖元　滕延京　蔡袁强　滕延京

主　　编：龚晓南

副 主 编：周　建

委　　员：王长科　王立忠　王占雷　王建华　王启铜　史存林
叶观宝　邝健政　白纯真　刘一林　刘汉龙　刘吉福
刘世明　刘松玉　刘国楠　岑仰润　张建民　李　征
李志国　杜世贵　李明逵　李海芳　苏振明　张清华
陆　新　吴慧明　郑尔康　郑　刚　杨志银　郑束宁
周　建　周国钧　周国然　武　威　杨晓东　周群建
侯伟生　赵明华　施建勇　施祖元　赵维炳　高文生
袁内镇　夏建中　谢永利　梁志荣　谢新宇　童小东
葛忻声　赖正发　蔡袁强　滕文川　滕延京

《地基处理》第七届编辑委员会（按姓氏笔画为序）
（2019 年 8 月—2020 年 11 月）

顾　　问：王复明　叶书麟　包承纲　刘国楠　刘金砺　杜彦良
张永钧　张建民　陈祖煜　陈湘生　周　镜　周国钧
郑健龙　郑颖人　侯伟生　顾宝和　顾晓鲁　潘秋元
谢先启

主任委员：龚晓南

副主任委员：王卫东　王立忠　叶观宝　刘汉龙　刘松玉　周　建
郑　刚　郑建国　高文生　韩　杰（美国）　谢永利
蔡袁强

主　　编：龚晓南

副 主 编：周　建（常务）　应宏伟　袁　静

委　　员：丁选明　王卫东　王长科　王立忠　王啟铜　左人宇
卢海华（加拿大）叶帅华　叶观宝　刘世明　刘汉龙

刘吉福　刘松玉　杜时贵　李　瑛　杨光华　杨俊杰
杨志银　杨素春　吴　伟（奥地利）吴慧明　岑仰润
应宏伟　宋二祥　张吾渝　陈龙珠　陈昌富　陈福全
武　威　罗战友　周　建　郑　刚　郑建国　郑俊杰
俞建霖　施建勇　施祖元　袁　静　夏建中　夏添乐
徐日庆　高文生　高玉峰　梁志荣　葛忻声　童小东
曾庆军　谢永利　董志良　谢新宇　楚　剑（新加坡）
蔡袁强　廖红建　滕文川　薛　炜

《地基处理》第八届编辑委员会（按姓氏笔画为序）
（2020 年 12 月至今）

顾　　问：王复明　包承纲　刘国楠　刘金砺　杜彦良　张永钧
张建民　陈祖煜　陈湘生　周　镜　周国钧　郑健龙
郑颖人　侯伟生　顾宝和　顾晓鲁　谢先启　潘秋元
主任委员：龚晓南
副主任委员：王卫东　王立忠　叶观宝　刘汉龙　刘松玉　周　建
郑　刚　郑建国　高文生　韩　杰（美国）　谢永利
蔡袁强
主　　编：龚晓南
副 主 编：周　建（常务）　应宏伟　袁　静
委　　员：丁选明　马　元　马晓华　王　军　王　强　王　睿
王长科　左人宇　卢海华（加拿大）卢萌盟　叶帅华
申文明　邢月龙　吕玺琳　朱智勇　刘　涛　刘　斌
刘世明　刘吉福　刘俊伟　关云飞　杜时贵　李　青
李　瑛　李伟平　李洁勇　杨光华　杨志银　杨俊杰
吴　伟（奥地利）吴江斌　吴勇信　吴慧明　宋二祥
张　振　张日红　张吾渝　张俊杰　陈龙珠　陈昌富
陈威文　陈福全　岑仰润　武　威　林佑高　罗战友
周　航　周海祚　郑俊杰　施建勇　施祖元　俞建霖
夏建中　徐日庆　高玉峰　曹子君　梁志荣　葛忻声
董志良　童小东　曾庆军　谢新宇　楚　剑（新加坡）
滕文川　薛　炜

《地基处理》杂志社、理事会单位和人员名单

为了加强《地基处理》刊物与地基处理相关单位的联系，争取科研、设计、施工等单位的更多支持和帮助，1994 年成立《地基处理》杂志社，2006 年成立《地基处理》理事会，组成情况如下：

《地基处理》理事会（2006 年）

理 事 长：龚晓南

副理事长：邝健政　吴慧明　金国平

秘 书 长：周　建

理事单位（排序不分先后）	理　事
深圳特皓建设基础工程有限公司	常　璐
甘肃土木工程科学研究院	滕文川
河海大学岩土工程研究所	刘汉龙
宁波市鄞州城乡建设工程技术有限公司	吴慧明
浙江大学建筑设计研究院岩土工程分院	周群建
浙江科技学院建筑工程学院	夏建中
上海港湾软地基处理工程有限公司	徐士龙
铁道部科学研究深圳分院	刘国楠
浙江浙峰工程咨询有限公司	龚晓南
北京光彩恒溢科技有限公司	於春强
上海港湾工程设计研究院	周国然
广东省航盛工程有限公司	张迎春
冶金部建筑研究总院地基所	刘　波
中科院广州化学灌浆工程总公司	邝健政
长安大学公路学院	杨晓华
温州市建筑设计院	金国平

《地基处理》理事会（2010 年）

理 事 长：龚晓南

副理事长：邝健政　吴慧明　金国平

秘 书 长：周　建

理事单位（排序不分先后）	理　事
深圳特皓建设基础工程有限公司	常　璐
甘肃土木工程科学研究院	滕文川

河海大学岩土工程研究所	刘汉龙
宁波市鄞州城乡建设工程技术有限公司	吴慧明
浙江大学建筑设计研究院岩土工程分院	周群建
浙江科技学院建筑工程学院	夏建中
上海港湾软地基处理工程有限公司	徐士龙
铁道部科学研究深圳分院	刘国楠
浙江浙峰工程咨询有限公司	龚晓南
上海港湾工程设计研究院	周国然
广东省航盛工程有限公司	张迎春
冶金部建筑研究总院地基所	刘　波
中科院广州化学灌浆工程总公司	邝健政
长安大学公路学院	杨晓华
温州市建筑设计院	金国平

《地基处理》理事会（2012 年）

理 事 长：龚晓南

副理事长：邝健政　吴慧明　金国平

秘 书 长：周　建

理事单位（排序不分先后）	理　事
深圳特皓建设基础工程有限公司	常　璐
甘肃土木工程科学研究院	滕文川
河海大学岩土工程研究所	刘汉龙
浙江开天工程技术有限公司	吴慧明
浙江大学建筑设计研究院岩土工程分院	周群建
浙江科技学院建筑工程学院	夏建中
上海港湾软地基处理工程有限公司	徐士龙
铁道部科学研究深圳分院	刘国楠
浙江浙峰工程咨询有限公司	龚晓南
上海港湾工程设计研究院	周国然
广东省航盛工程有限公司	张迎春
冶金部建筑研究总院地基所	刘　波
中科院广州化学灌浆工程总公司	邝健政
长安大学公路学院	杨晓华
温州市建筑设计院	金国平
现代建筑设计集团上海申元岩土工程有限公司	水伟厚
中国石油工程建设公司华东分公司	张　莉

《地基处理》理事会（2013 年）

理 事 长：龚晓南

副理事长：薛 炜 吴慧明

秘 书 长：周 建

理事单位（排序不分先后）	理 事
深圳特皓建设基础工程有限公司	常 璐
甘肃土木工程科学研究院	滕文川
河海大学岩土工程研究所	刘汉龙
浙江开天工程技术有限公司	吴慧明
浙江大学建筑设计研究院岩土工程分院	周群建
浙江科技学院建筑工程学院	夏建中
上海港湾软地基处理工程有限公司	徐士龙
铁道部科学研究深圳分院	刘国楠
浙江浙峰工程咨询有限公司	龚晓南
上海港湾工程设计研究院	周国然
广东省航盛工程有限公司	张迎春
冶金部建筑研究总院地基所	刘 波
中科院广州化学灌浆工程总公司	邝健政
长安大学公路学院	杨晓华
温州市建筑设计院	金国平
现代建筑设计集团上海申元岩土工程有限公司	水伟厚
中国石油工程建设公司华东分公司	张 莉
广州市胜特建筑科技开发有限公司	吴如军
云南恒锐建设技术咨询有限公司	项 枫
福建省建筑科学研究院	陈振建
解放军后勤工程学院军事土木工程系	陆 新

《地基处理》理事会（2015 年）

理 事 长：龚晓南

副理事长：薛 炜 吴慧明

秘 书 长：周 建

理事单位（排序不分先后）	理 事
深圳特皓建设基础工程有限公司	常 璐
甘肃土木工程科学研究院	滕文川
河海大学岩土工程研究所	刘汉龙、高玉峰
浙江开天工程技术有限公司	吴慧明

浙江大学建筑设计研究院岩土工程分院	周群建
浙江科技学院建筑工程学院	夏建中
上海港湾软地基处理工程有限公司	徐士龙
铁道部科学研究深圳分院	刘国楠
浙江浙峰工程咨询有限公司	龚晓南
上海港湾工程设计研究院	周国然
广东省航盛工程有限公司	张迎春
冶金部建筑研究总院地基所	刘　波
中科院广州化学灌浆工程总公司	邝健政
长安大学公路学院	杨晓华
温州市建筑设计院	金国平
现代建筑设计集团上海申元岩土工程有限公司	水伟厚
中国石油工程建设公司华东分公司	张　莉
广州市胜特建筑科技开发有限公司	吴如军
云南恒锐建设技术咨询有限公司	项　枫
福建省建筑科学研究院	陈振建
解放军后勤工程学院军事土木工程系	陆　新

《地基处理》理事会（2016 年）

理 事 长：龚晓南

副理事长：薛　炜　吴慧明

秘 书 长：周　建

理事单位（排序不分先后）	理　事
深圳特皓建设基础工程有限公司	常　璐
甘肃土木工程科学研究院	滕文川
河海大学岩土工程研究所	高玉峰
浙江开天工程技术有限公司	吴慧明
浙江大学建筑设计研究院岩土工程分院	周群建
上海港湾软地基处理工程有限公司	徐士龙
铁道部科学研究深圳分院	刘国楠
浙江浙峰工程咨询有限公司	龚晓南
上海港湾工程设计研究院	周国然
广东省航盛工程有限公司	张迎春
冶金部建筑研究总院地基所	刘　波
中科院广州化学灌浆工程总公司	邝健政
长安大学公路学院	杨晓华

温州市建筑设计院	金国平
现代建筑设计集团上海申元岩土工程有限公司	水伟厚
中国石油工程建设公司华东分公司	张　莉
广州市胜特建筑科技开发有限公司	吴如军
云南恒锐建设技术咨询有限公司	项　枫
福建省建筑科学研究院	陈振建
解放军后勤工程学院军事土木工程系	陆　新
重庆大学岩土工程研究所	刘汉龙
武汉市市政建设集团有限公司	肖铭钊

《地基处理》理事会（2019 年）

理 事 长：龚晓南

副理事长：薛　炜　吴慧明　张　亮

秘 书 长：周　建

理事单位（排序不分先后）	理　事
中国土木工程学会土力学及岩土工程分会	张建民
浙江省岩土力学与工程学会	杜时贵
中科院广州化灌工程有限公司	薛　炜
浙江开天工程技术有限公司	吴慧明
北京荣创岩土工程股份有限公司	张　亮
重庆大学岩土工程研究所	刘汉龙
河海大学土木与交通学院	高玉峰
甘肃土木工程科学研究院	滕文川
浙江大学建筑设计院有限公司	朱建才
浙江工业大学工程设计集团有限公司	占　宏
浙江科技学院建筑工程学院	罗战友
中交上海港湾工程设计研究院有限公司	周国然
中国有色金属工业昆明勘察设计研究院有限公司	赵志锐
浙江吉通地空建筑科技有限公司	何一新
山西机械化建设集团有限公司	杨印旺
机械工业勘察设计研究院有限公司	郑建国
深圳市工勘岩土集团有限公司	李红波
武汉市市政建设集团有限公司	肖铭钊
中国石油工程建设有限公司华东设计分公司	张　莉
福建省建筑科学研究院	陈振建
浙江浙峰工程咨询有限公司	龚晓南

上海港湾基础建设（集团）有限公司	徐士龙
长安大学公路学院	杨晓华
华东建筑设计研究院有限公司	王卫东
东通岩土科技股份有限公司	胡　琦
中交四航工程研究院有限公司	董志良

《地基处理》理事会（2020 年）

理 事 长：龚晓南

副理事长：薛　炜　吴慧明　张　亮

秘 书 长：周　建

副理事长单位（排序不分先后）	理　事
中国土木工程学会土力学及岩土工程分会	张建民
浙江省岩土力学与工程学会	杜时贵
中科院广州化灌工程有限公司	薛　炜
浙江开天工程技术有限公司	吴慧明
北京荣创岩土工程股份有限公司	张　亮
重庆大学岩土工程研究所	刘汉龙
华东建筑设计研究院有限公司	王卫东
杭州环宸基础工程有限公司	梅渭祖

常务理事单位	理　事
宁波冶金勘察设计研究股份有限公司	张子江
北京中水科工程总公司	张金接
杭州福世德岩土科技有限公司	王丽秀

理事单位（排序不分先后）	理　事
河海大学土木与交通学院	高玉峰
长安大学公路学院	杨晓华
南京东大岩土工程勘察设计研究院有限公司	王　平
甘肃土木工程科学研究院	滕文川
中国兵器工业北方勘察设计研究院有限公司	王长科
机械工业勘察设计研究院有限公司	郑建国
浙江大学建筑设计院有限公司	朱建才
浙江工业大学工程设计集团有限公司	占　宏
浙江科技学院建筑工程学院	罗战友

中交上海港湾工程设计研究院有限公司	周国然
中国有色金属工业昆明勘察设计研究院有限公司	赵志锐
浙江吉通地空建筑科技有限公司	何一新
山西机械化建设集团有限公司	杨印旺
深圳市工勘岩土集团有限公司	李红波
武汉市市政建设集团有限公司	肖铭钊
中国石油工程建设有限公司华东设计分公司	张　莉
福建省建筑科学研究院	陈振建
浙江浙峰科技有限公司	龚晓南
东通岩土科技股份有限公司	胡　琦
中交四航工程研究院有限公司	董志良
中交公路长大桥建设国家工程研究中心有限公司	张喜刚
北京中岩大地科技股份有限公司	王立建

《地基处理》理事会（2021 年）

理 事 长：龚晓南

副理事长：薛　炜　吴慧明　张　亮

秘 书 长：周　建

副理事长单位（排序不分先后）	理　事
中国土木工程学会土力学及岩土工程分会	张建民
浙江省岩土力学与工程学会	杜时贵
中科院广州化灌工程有限公司	薛　炜
浙江开天工程技术有限公司	吴慧明
北京荣创岩土工程股份有限公司	张　亮
重庆大学岩土工程研究所	刘汉龙
华东建筑设计研究院有限公司	王卫东
杭州环宸基础工程有限公司	梅渭祖
宁波中淳高科股份有限公司	邱风雷

常务理事单位（排序不分先后）	理　事
宁波冶金勘察设计研究股份有限公司	张子江
北京中水科工程总公司	张金接
杭州福世德岩土科技有限公司	张莉娜
武汉市市政建设集团有限公司	肖铭钊

理事单位（以下排名不分前后）	理　事
河海大学土木与交通学院	高玉峰
南京东大岩土工程勘察设计研究院有限公司	王　平
甘肃土木工程科学研究院	滕文川
中国兵器工业北方勘察设计研究院有限公司	王长科
机械工业勘察设计研究院有限公司	郑建国
浙江大学建筑设计院有限公司	朱建才
浙江工业大学工程设计集团有限公司	占　宏
浙江科技学院建筑工程学院	罗战友
中交上海港湾工程设计研究院有限公司	周国然
中国有色金属工业昆明勘察设计研究院有限公司	赵志锐
浙江吉通地空建筑科技有限公司	何一新
山西机械化建设集团有限公司	杨印旺
深圳市工勘岩土集团有限公司	李红波
中国石油工程建设有限公司华东设计分公司	张　莉
浙江浙峰科技有限公司	龚晓南
东通岩土科技股份有限公司	胡　琦
中交四航工程研究院有限公司	董志良
中交公路长大桥建设国家工程研究中心有限公司	张喜刚
北京中岩大地科技股份有限公司	王立建
天津鼎元软地基科技发展股份有限公司	陈津生
民航机场规划设计研究总院有限公司	马　力
浙江大地岩土勘察有限责任公司	詹晓波

《地基处理》理事会（2022 年）

理 事 长：龚晓南

副理事长：薛　炜　吴慧明　张　亮

秘 书 长：周　建

副理事长单位（排序不分先后）	理　事
中国土木工程学会土力学及岩土工程分会	张建民
浙江省岩土力学与工程学会	杜时贵
中科院广州化灌工程有限公司	薛　炜
浙江开天工程技术有限公司	吴慧明
北京荣创岩土工程股份有限公司	张　亮
重庆大学岩土工程研究所	刘汉龙

华东建筑设计研究院有限公司	王卫东
杭州环宸基础工程有限公司	梅渭祖
宁波中淳高科股份有限公司	邱风雷

常务理事单位（排序不分先后）	理　事
宁波冶金勘察设计研究股份有限公司	张子江
北京中水科工程总公司	张金接
杭州福世德岩土科技有限公司	张莉娜
武汉市市政建设集团有限公司	肖铭钊
宁波高新区围海工程技术开发有限公司	俞元洪

理事单位（排序不分先后）	理　事
河海大学土木与交通学院	高玉峰
南京东大岩土工程勘察设计研究院有限公司	王　平
甘肃土木工程科学研究院	王志泉
中国兵器工业北方勘察设计研究院有限公司	王长科
机械工业勘察设计研究院有限公司	郑建国
浙江大学建筑设计研究院有限公司	朱建才
浙江工业大学工程设计集团有限公司	占　宏
浙江科技学院建筑工程学院	罗战友
中交上海港湾工程设计研究院有限公司	栾　宏
中国有色金属工业昆明勘察设计研究院有限公司	赵志锐
浙江吉通地空建筑科技有限公司	何一新
山西机械化建设集团有限公司	杨印旺
深圳市工勘岩土集团有限公司	李红波
浙江浙峰科技有限公司	龚晓南
东通岩土科技股份有限公司	胡　琦
中交四航工程研究院有限公司	董志良
中交公路长大桥建设国家工程研究中心有限公司	张喜刚
北京中岩大地科技股份有限公司	王立建
天津鼎元软地基科技发展股份有限公司	陈津生
民航机场规划设计研究总院有限公司	马　力
浙江大地勘测设计有限公司	詹晓波
天津大学建筑工程学院	郑　刚
西安华创土木科技有限公司	李　征
福建永强岩土股份有限公司	许万强

《地基处理》理事会（2023 年）

理 事 长：龚晓南
副理事长：薛 炜 吴慧明
秘 书 长：周 建

副理事长单位（排序不分先后）	理 事
中国土木工程学会土力学及岩土工程分会	张建民
浙江省岩土力学与工程学会	杜时贵
中科院广州化灌工程有限公司	薛 炜
浙江开天工程技术有限公司	吴慧明
重庆大学岩土工程研究所	刘汉龙
华东建筑设计研究院有限公司	王卫东
杭州环宸基础工程有限公司	梅渭祖
宁波中淳高科股份有限公司	邱风雷
中天控股集团有限公司	刘玉涛

常务理事单位（排序不分先后）	理 事
宁波冶金勘察设计研究股份有限公司	张子江
北京中水科工程总公司	张金接
杭州福世德岩土科技有限公司	张莉娜
武汉市市政建设集团有限公司	肖铭钊
宁波高新区围海工程技术开发有限公司	俞元洪
哈尔滨工业大学重庆研究院	唐 亮
山西金宝岛基础工程有限公司	文 哲

理事单位（排名不分先后）	理 事
河海大学土木与交通学院	高玉峰
南京东大岩土工程勘察设计研究院有限公司	王 平
中国兵器工业北方勘察设计研究院有限公司	王长科
机械工业勘察设计研究院有限公司	郑建国
浙江大学建筑设计研究院有限公司	朱建才
浙江工业大学工程设计集团有限公司	占 宏
浙江科技学院建筑工程学院	夏建中
中交上海港湾工程设计研究院有限公司	栾 宏
山西机械化建设集团有限公司	杨印旺
深圳市工勘岩土集团有限公司	李红波

浙江浙峰科技有限公司	龚晓南
东通岩土科技股份有限公司	胡　琦
中交四航工程研究院有限公司	董志良
中交公路长大桥建设国家工程研究中心有限公司	张喜刚
北京中岩大地科技股份有限公司	王立建
天津鼎元软地基科技发展股份有限公司	陈津生
浙江大地勘测设计有限公司	詹晓波
天津大学建筑工程学院	郑　刚
西安华创土木科技有限公司	李　征
福建永强岩土股份有限公司	许万强
中铁十一局集团有限公司	唐达昆
重庆大学溧阳智慧城市研究院	雷小红
中交第四航务工程勘察设计院有限公司	林佑高

《地基处理》理事会（2024 年）

理 事 长：龚晓南
副理事长：薛　炜　吴慧明
秘 书 长：周　建

副理事长单位（排序不分先后）	理　事
中国土木工程学会土力学及岩土工程分会	张建民
浙江省岩土力学与工程学会	杜时贵
中科院广州化灌工程有限公司	薛　炜
浙江开天工程技术有限公司	吴慧明
重庆大学岩土工程研究所	刘汉龙
华东建筑设计研究院有限公司	王卫东
杭州环宸基础工程有限公司	梅渭祖
宁波中淳高科股份有限公司	邱风雷
中天控股集团有限公司	刘玉涛

常务理事单位（排序不分先后）	理　事
宁波冶金勘察设计研究股份有限公司	朱敢为
北京中水科工程总公司	张金接
杭州福世德岩土科技有限公司	张莉娜
武汉市市政建设集团有限公司	肖铭钊
宁波高新区围海工程技术开发有限公司	俞元洪

哈尔滨工业大学重庆研究院	唐　亮
山西金宝岛基础工程有限公司	文　哲

理事单位（排序不分先后）	理　事
河海大学土木与交通学院	高玉峰
南京东大岩土工程勘察设计研究院有限公司	王　平
中国兵器工业北方勘察设计研究院有限公司	王长科
机械工业勘察设计研究院有限公司	郑建国
浙江大学建筑设计研究院有限公司	朱建才
浙江工业大学工程设计集团有限公司	占　宏
浙江科技学院建筑工程学院	夏建中
中交上海港湾工程设计研究院有限公司	栾　宏
山西机械化建设集团有限公司	杨印旺
深圳市工勘岩土集团有限公司	李红波
浙江浙峰科技有限公司	龚晓南
东通岩土科技股份有限公司	胡　琦
中交四航工程研究院有限公司	董志良
中交公路长大桥建设国家工程研究中心有限公司	宋　晖
北京中岩大地科技股份有限公司	王立建
天津鼎元软地基科技发展股份有限公司	陈津生
浙江大地勘测设计有限公司	林虎文
天津大学建筑工程学院	郑　刚
西安华创土木科技有限公司	李　征
福建永强岩土股份有限公司	许万强
中铁十一局集团有限公司	唐达昆
重庆大学溧阳智慧城市研究院	雷小红
中交第四航务工程勘察设计院有限公司	林佑高

杂志社成员单位（排序不分先后）（1994 年）

中国土木工程学会土力学及基础工程学会地基处理学术委员会

浙江大学土木工程学系

中科院广州化学灌浆工程总公司

中国建筑第二工程局科技部

北京大兴地基工程公司

冶建院地基及地下工程研究所

铁道部第四勘测设计院

铁四院软土地基工程公司
铁道部武汉工程机械研究所
江苏江阴振冲器厂
上海市民防地基勘察院
深圳市建设基础工程公司
长江科学院
浙江有色勘察研究院
广东省汕头经济特区金园设计室

杂志社成员单位（排序不分先后）（1998 年）

中国土木工程学会土力学及基础工程学会地基处理学术委员会
浙江大学土木工程系
中科院广州化学灌浆工程总公司
北京大兴地基工程公司
冶建院地基及地下工程研究所
铁道部第四勘测设计院第一勘测设计处
铁四院软土地基工程公司
铁道部武汉工程机械研究所
江苏江阴振冲器厂
上海市民防地基勘察院
深圳市建设基础工程公司
长江科学院
浙江有色勘察研究院
福建省建筑科学研究院
广东省汕头经济特区金园设计室
汕头大学科技产业发展中心凌达地基结构研究所
浙江台亚建筑有限公司
湖北力特塑料制品有限公司
广东省航务工程总公司岩土公司

杂志社成员单位（排序不分先后）（2002 年）

中国土木工程学会土力学及基础工程学会地基处理学术委员会
浙江大学土木工程系
中科院广州化学灌浆工程总公司
上海市民防地基勘察院
深圳特皓建设基础工程有限公司

铁道部武汉工程机械研究所
铁道部科学研究院铁道建筑研究所
冶金部建筑研究总院
河海大学岩土工程研究所
东南大学岩土工程研究所
长安大学公路学院
江苏省交通规划设计院
浙江有色勘察研究院
山东省水科院
湖北力特塑料制品有限公司
广东省航务工程总公司
江苏华东建设基础工程总公司
上海港湾工程设计研究院
江苏华东建设基础工程总公司
泉州市建设工程质量监督站
铁道部第四勘察设计院软土地基研究所
浙江浙峰工程咨询有限公司
铁道部第四勘测设计院一处
中国化学工程重型机械化公司

杂志社成员单位（排序不分先后）（2005 年）
中国土木工程学会土力学及基础工程学会地基处理学术委员会
浙江大学土木工程系
杭州市勘察设计研究院
中科院广州化学灌浆工程总公司
铁道部科学研究院铁道建筑研究所
冶金部建筑研究总院
河海大学岩土工程研究所
东南大学岩土工程研究所
江苏省交通规划设计院
湖北力特塑料制品有限公司
山东省水科院
上海港湾工程设计研究院
江苏华东建设基础工程总公司
泉州市建设工程质量监督站
铁道部第四勘察设计院软土地基研究所

广东省航盛工程有限公司
浙江浙峰工程咨询有限公司
甘肃土木工程科学研究院

六、组织编写著作

1985 年 3 月 2—5 日，学会在杭州召开《地基处理手册》编委扩大会，讨论了编写要求、编写大纲、章节设置以及格式要求，并进行了分工，明确各章节第一编写人，以及编写进度计划。

部分会议代表合影

《地基处理手册》于 1988 年出版发行后，得到广大土木工程技术人员的欢迎，受中国建筑工业出版社委托，组织全国专家编写《桩基工程手册》。

《地基处理》手册编委合影

张咏梅、龚晓南

1989 年 4 月 20—22 日，《桩基工程手册》编写筹备会议在浙江大学邵逸夫科学馆召开。曾国熙先生为手册编委会召集人。筹备会议讨论确定了章节设置、各章节第一编写人、编写大纲以及编写计划进度。

《桩基工程手册》编写筹备会代表合影
前排：龚晓南、周镜、曾国熙、卢肇钧、卢世深、叶政清、石振华
后排：龚一鸣、彭大用、刘祖德、蒋国澄、刘金砺、陈竹昌、张咏梅、潘秋元

参加《桩基工程手册》编写筹备会的浙大校友

1991 年 6 月 24—26 日在上海松江召开《桩基工程手册》编委会第二次会议。

《桩基工程手册》编委会第二次会议代表合影

1992 年 4 月 24—28 日，在浙江舟山召开《桩基工程手册》协调统稿会。

《桩基工程手册》协调统稿会代表合影

《桩基工程手册》协调统稿会代表合影
前排：龚晓南、刘金砺、周镜、陈竹昌
后排：石振华、潘秋元、曾国熙、冯国栋、彭大用

1992年11月，在浙江千岛湖召开《地基处理手册》（第二版）编委扩大会。

会议代表合影
左起：王伟堂、龚晓南、叶柏荣、邹敏、杨灿文、张作瑂、冯国栋、周国钧、叶书麟、石振华、彭大用、张永钧、杨鸿贵

会议代表合影

左起：龚晓南、王伟堂、潘秋元、叶柏荣、邹敏、杨灿文、张作瑂、冯国栋、石振华、叶书麟、周国钧、彭大用、张永钧、杨鸿贵

会议代表合影

左起：石振华、潘秋元、杨鸿贵、王伟堂、冯国栋、邹敏、龚晓南、彭大用、叶柏荣、叶书麟、杨灿文

会议期间祝贺冯国栋先生和杨灿文研究员生日

左起：龚晓南、杨鸿贵、冯国栋

回杭途中会议代表在严子陵钓台合影

七、历届委员会委员名单

第一届学术委员会（1984 年 4 月 18 日）

主 任 委 员：曾国熙

副主任委员：卢肇钧　叶政青　蒋国澄

秘　　书：龚晓南　潘秋元　顾尧章

委　　员：（按姓氏笔画为序）

王吉望　王志仁　王承树　王复明　冯国栋　叶书麟
叶正清　卢肇钧　朱梅生　朱庆林　朱象清　张作循
杜嘉鸿　张世煊　张永钧　张咏梅　张毓英　严人觉
严云旭　汪益基　吴肖茗　陈国靖　范维垣　林本銮
徐正分　涂光扯　俞仲泉　高宏兴　高有潮　韩仲卿
龚一鸣　龚晓南　钱　征　顾尧章　曹沂风　康景俊
曾国熙　曾昭礼　盛崇文　彭大用　蒋国澄　潘秋元

第二届学术委员会（1991 年 6 月 20 日）

顾　　问：曾国熙　卢肇钧　冯国栋

主　　任：龚晓南

副 主 任：蒋国澄　叶书麟　杨灿文　张永钧　王吉望　彭大用
叶柏荣　潘秋元

秘　　书：潘秋元（兼）

委　　员：（按姓氏笔画为序）

方永凯　卞守中　王　钊　王吉望　王承树　王洪恩
王盛源　邓祥林　史美筠　冯光愈　叶书麟　叶柏荣
乐子炎　朱庆林　朱梅生　朱象清　汪益基　李国新
吴肖铭　杜嘉鸣　严云旭　张永钧　张作瑂　张咏梅
张毓英　陈国靖　邹　敏　郑尔康　杨灿文　杨晓东
周国钧　罗宇生　罗梅云　罗毓华　林本銮　要明伦
俞仲泉　高有潮　高宏兴　高钟璞　唐　敏　涂光祉
贾庆山　顾尧章　韩仲卿　康景俊　阎明礼　龚一鸣
龚晓南　曹沂风　盛崇文　曾昭礼　韩　杰　彭大用
蒋国澄　熊厚金　潘秋元　霍启联

第三届学术委员会（2000 年 10 月 31 日）

顾　　问：卢肇钧　曾国熙　冯国栋　蒋国澄　叶书麟
主　　任：龚晓南
副 主 任：王吉望　史存林　叶柏荣　叶观宝　张在明　张永钧
　　　　　杨晓东　彭大用　潘秋元
秘　　书：俞建霖（兼）
委　　员：(按姓氏笔画为序)
　　　　　方永凯　王吉望　王　钊　王盛源　冯光愈　史存林
　　　　　叶观宝　叶阳升　叶柏荣　邝健政　刘松玉　刘国楠
　　　　　刘　毅　朱向荣　朱象清　吴廷杰　张永钧　张在明
　　　　　张作瑂　张咏梅　张　敬　李耀良　沙祥林　苏振明
　　　　　陆贻杰　陆　新　陈如桂　陈国靖　陈　轮　陈高鲁
　　　　　周玉印　周国钧　周国然　周洪涛　周载阳　杨晓东
　　　　　罗宇生　郑尔康　郑　刚　侯伟生　俞建霖　施建勇
　　　　　夏诗樑　涂光祉　袁内镇　夏可风　贾庆山　顾湘生
　　　　　高宏兴　常　璐　梁仁旺　阎明礼　龚一鸣　龚晓南
　　　　　彭大用　曾昭礼　程　骁　谢永利　裘慰伦　赖正发
　　　　　滕文川　滕延京　潘秋元　霍启联
资深委员：(按姓氏拼音为序)
　　　　　陈国靖　方永凯　冯光愈　龚一鸣　霍启联　贾庆山
　　　　　罗宇生　潘秋元　彭大用　涂光祉　王吉望　王盛源
　　　　　叶柏荣　袁内镇　张永钧　张咏梅　张作镅　朱象清

第四届学术委员会（2004 年 10 月）

顾　　问：冯国栋　蒋国澄　卢肇钧　叶书麟　曾国熙
主　　任：龚晓南
副 主 任：侯伟生　邝健政　刘　波　史存林　滕延京
　　　　　杨晓东　叶观宝　张在明　周国然
秘　　书：俞建霖（兼）
委　　员：(按姓氏拼音为序)
　　　　　常　璐　陈　轮　陈高鲁　陈国靖　陈景雅　陈如桂
　　　　　陈文华　陈振建　方永凯　冯光愈　高宏兴　龚一鸣
　　　　　顾湘生　韩晓雷　何新东　霍启联　贾庆山　赖正发
　　　　　李光范　李贤军　李学志　李耀良　梁仁旺　刘国楠
　　　　　刘吉福　刘松玉　陆　新　罗宇生　马华民　孟庆山
　　　　　潘秋元　彭大用　裘慰伦　饶锡保　施建勇　苏振明

孙瑞民　滕文川　涂光祉　王吉望　王　梅　王盛源
王　园　王　钊　王明森　王占雷　吴延杰　夏可风
谢永利　徐　超　薛　炜　阎明礼　杨成斌　杨　军
杨守华　杨素春　杨志银　叶柏荣　卫　宏　袁内镇
叶阳升　俞建霖　曾昭礼　张　敬　张金接　张永钧
张咏梅　张作锢　赵明华　赵维炳　郑　刚　郑尔康
周国钧　周洪涛　周虎鑫　周载阳　朱本珍　朱向荣
朱象清　朱彦鹏

资深委员：（按姓氏拼音为序）
陈国靖　方永凯　冯光愈　龚一鸣　霍启联　贾庆山
罗宇生　潘秋元　彭大用　涂光祉　王吉望　王盛源
叶柏荣　袁内镇　张永钧　张咏梅　张作锢　朱象清

第五届学术委员会（2014 年 10 月）

顾　　问：冯国栋　蒋国澄　潘秋元　王吉望　叶柏荣　叶书麟
张永钧

主　　任：龚晓南

副 主 任：侯伟生　刘松玉　滕延京　谢永利　薛　炜　杨晓东
杨志银　叶阳升　叶观宝　周国然

秘　　书：俞建霖（兼）　周　建（兼）

委　　员：（按姓氏拼音为序）
卜发东　蔡德钩　常　雷　常　璐　陈振建　丁　冰
丁选明　董宝志　董志良　杜　策　龚秀刚　关云飞
顾湘生　韩杰（美）韩晓雷　何新东　槐以高　康景文
李　斌　李光范　李贤军　李学丰　李耀良　梁仁旺
梁永辉　梁志荣　林佑高　凌贤长　刘吉福　刘　嘉
刘世明　卢萌盟　陆　新　罗嗣海　马　驰　马华明
马　凛　孟庆山　牛富俊　饶锡保　邵忠心　施建勇
水伟厚　孙瑞民　滕文川　王剑非　王江锋　王　园
王明森　王荣彦　王孝存　王占雷　魏建华　武亚军
吴　迪　吴慧明　吴江斌　吴如军　项　枫　项培林
徐长节　徐　超　许　健　杨成斌　杨　军　杨守华
杨素春　杨　涛　杨晓华　杨志红　叶帅华　应宏伟
袁　静　章定文　张　峰　张健康　张　敬　张金接
张　玲　张吾渝　张中杰　赵　伟　赵冶海　郑　刚
郑建国　周洪涛　周虎鑫　周载阳　朱武卫　朱彦鹏

邹维列

资 深 委 员：(按姓氏拼音为序)

陈国靖　戴济群　方永凯　冯光愈　高宏兴　龚一鸣
霍启联　刘国楠　罗宇生　史存林　涂光祉　王盛源
吴廷杰　闫明礼　袁内镇　曾昭礼　赵明华　张咏梅
郑尔康　周国钧　朱象清

八、部分地基处理单位介绍

福建省建筑科学研究院有限责任公司
甘肃中建市政工程勘察设计研究院有限公司
广州市胜特建筑科技开发有限公司
山西金宝岛基础工程有限公司
上海市城市建设设计研究总院（集团）有限公司
上海工程机械厂有限公司
浙江省围海建设集团股份有限公司
中科院广州化灌工程有限公司
机械工业勘察设计研究院有限公司
上海渊丰地下工程技术有限公司

福建省建筑科学研究院有限责任公司

发展历程　福建省建筑科学研究院有限责任公司系国有独资科技型企业，有着 60 多年的历史和沉淀。公司成立于 1958 年，前身为福建省建设厅建筑科学研究所，1997 年更名为福建省建筑科学研究院，2018 年转企改制成为福建省建筑科学研究院有限责任公司。公司注册资本为壹亿元人民币，拥有 9 家全资子公司、4 家控股子公司，在省内 9 个设区市及平潭综合实验区均设有落地服务机构，是福建省建设行业知名的综合型技术服务企业。

人才优势　公司现有职工 1700 多人，在岩土和地基基础、绿色建筑与节能、建筑结构、新型建材产品等领域拥有实力雄厚的专家团队，包括政府特贴专家、省级百千万人才等共 10 余名，教授级高级工程师 80 余人，国家一级注册工程师 200 余名，硕、博士近 300 人。

科研实力　公司建有福建省绿色建筑技术重点实验室、福建省建设工程技术中心、协同创新院建筑建材产业技术分院、全国工程专业学位研究生联合培养示范基地、博士后科研工作站 5 大省部级协同创新平台，主办的自然科学类期刊《福建建设科技》入选中国期刊方阵，多次获得省政府和省属各厅局的表彰，被住房城乡建设部授予多个“先进集体”荣誉称号，获国家高新技术企业认证权属企业 5 家。公司依托十大研发中心，积极开展技术创新和成果转化，现已完成科研成果 200 余项，获省部级科学技术奖的成果近 80 项，其中近 5 年取得的奖项包括国家技术发明二等奖 1 项，省级科技进步奖 10 余项；主参编标准、图集及工法等 350 余本，拥有国家专利近 200 件。

四大业务范围　公司围绕建设“更可持续、更为安全、更有效率、更高质量”城市的目标，在房屋建筑、市政交通、水利电力等领域，全面整合资源能力，具备勘察、设计、咨询、图审、检验检测及施工全品类资质能力，提供贯穿工程规划立项、勘察设计、检测评估、建筑施工、运营维护和改造更新全生命周期的服务，现已形成工程建设全过程服务、城市更新改造一体化服务、工程质量控制全过程服务、城市安全运营服务等四大经营业务板块。

六大关键技术　公司始终坚持科技创新是第一生产力，在城市安全、绿色建筑与节能、岩土与地下空间开发、绿色建材与固废资源化、文物保护和历史建筑修缮加固、新型结构等六大关键技术领域开展技术研究，取得丰硕创新成果。

公司总部大楼

企业文化　未来，福建省建筑科学研究院有限责任公司将继续坚持“以先进技术和优质服务建设更美好人居环境”的使命，以“建设行业独具特色、建科系统国内一流”为愿景，力争业务领域实现全国化，技术能力、规模利润水平、人才梯队建设达到国内建科院体系前列，技术创新能力、相关工程业绩在全国建筑科研行业内处于一流水平。

甘肃中建市政工程勘察设计研究院有限公司

甘肃中建市政工程勘察设计研究院有限公司前身为成立于 1959 年 1 月的中国市政工程西北设计研究院勘察分院，现为中国市政工程西北设计研究院改制分立的独立法人实体，隶属于中国建筑集团有限公司。持有工程勘察综合类甲级、工程测量甲级、岩土工程检测甲级、地基基础与主体结构检测甲级等资质，并通过了质量、环境、职业健康安全管理体系认证、CMA 体系认证以及甘肃省检验检测机构资质认证。主营业务范围包括岩土工程勘察、岩土工程设计、水文地质勘察、工程物探、岩土工程检测与监测、工程测绘及地下管网探查、检测、清淤、修复与信息化系统建设等。

公司组织机构健全，专业设备齐全，现有员工 180 余人，拥有甘肃省工程勘察大师 3 名，甘肃省领军人才 1 名，注册土木工程师（岩土）21 名、注册测绘师 10 名，正高级工程师 10 人。设置有工程勘察所、岩土工程所、检测中心、测绘地理信息工程所、智慧城市事业部等生产部门及西咸新区分公司、新疆分院、贵州分公司、福建项目部等多个驻外分支机构。

60 余年来，公司积极面向全社会，为国民经济各部门、各企业提供技术服务和技术咨询。先后完成国内外工程项目千余项，业务足迹遍布甘肃、陕西、新疆、宁夏、内蒙古、青海、广东、福建、贵州等 20 余个省市，同时在加纳、尼泊尔、孟加拉国、阿尔及利亚、赤道几内亚、安哥拉等国家承接和参与海外业务。涉及多个工程领域，在长期工程实践中对湿陷性黄土、软土、大厚度填土、碎石土、盐渍土、新近系红层软岩等特殊岩土地基分析与评价及地下管网探查与检测、地下管网信息化、智慧城市平台等方面积累了丰富的经验，取得了突出成就，在省内外享有较高声誉，现为甘肃省土木建筑学会工程勘察专业学术委员会、甘肃省勘察设计协会工程勘察与岩土工作委员会挂靠单位。公司先后获得国家级、省部级优秀勘察设计奖、省部级科技进步奖 60 余项，获得发明专利、实用新型专利、软件著作权 90 余项，主编和参编地方标准、行业标准、团体标准等各类技术标准 20 余项。

在激烈的市场竞争中，我公司遵循“科技创新、产品一流、顾客满意”的企业宗旨，进一步更新经营理念，提升管理水平，提高服务质量，全力打造省内外有影响力的技术服务型现代企业。

我公司将竭诚为您提供优质的技术服务和技术咨询！热切期望广大客户和社会各界朋友与我们展开合作，共谋发展，共创美好未来！

兰州红楼时代广场项目地基专项评价与基坑工程设计

《四库全书》藏书楼建筑群项目地基处理设计

兰州中川国际机场三期扩建工程岩土工程勘察与地基基础检测

广州市胜特建筑科技开发有限公司

广州市胜特建筑科技开发有限公司成立于1998年，从2012年起（连续四届2012、2016、2019、2022）获得高新技术企业认证，于2024年获专精特新企业认证，目前注册资本为1380万元，具有资质包括：《特种工程（限建筑物纠偏和平移）专业承包不分等级》《特种工程（限结构补强）专业承包不分等级》《地基基础工程专业承包三级》《钢结构专业承包三级资质》，是一家集科研、设计、施工于一体，专门从事建筑物的加固改造及病害治理的科技企业。

公司董事长吴如军先生带领团队深耕行业26年，先后主参编10余本行业技术规范，主编10余本技术书；获得40多项国家专利，掌握多项工法与成果，发表多篇学术论文。公司先后荣获全国民营科技发展贡献奖、全国工商联科技进步奖、广东省科学技术奖、广东省发明奖、詹天佑故乡杯、广州市科学技术奖等若干奖项，个人先后获得中国老教授协会土木（含病害）专业委员会杰出贡献奖、广东省土木建筑科技创新杰出人才奖、广东省土木建筑学会工程施工专业委员会颁发“先进个人”等多个奖项荣誉，多项科研技术填补国内外行业空白。每年完成各种加固与改造、托换纠倾及边坡加固等工程200余项，至今已完成近6000项特种工程设计与施工，合格率100%，攻克了多项技术难题。

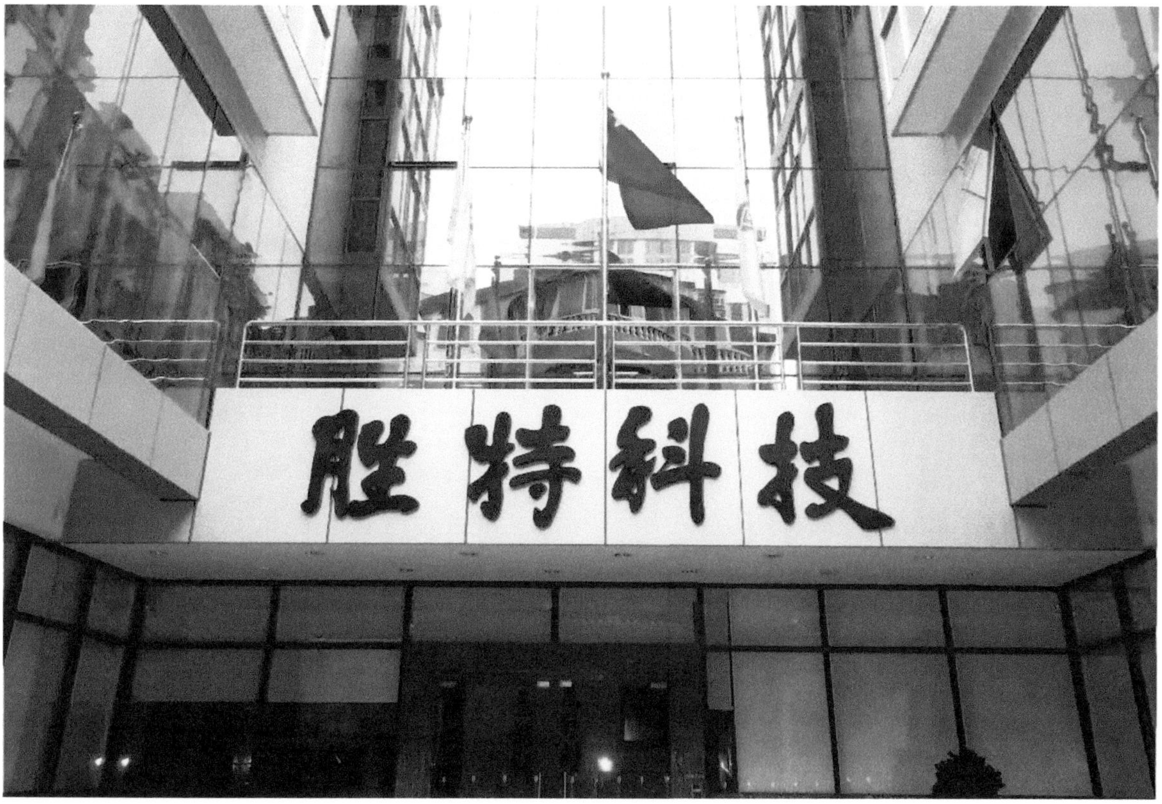

山西金宝岛基础工程有限公司

YTQH3000 MHE~JBD智能1.0型
金宝岛和宇通重装联合开发的
第一台增程式电动智能强夯机

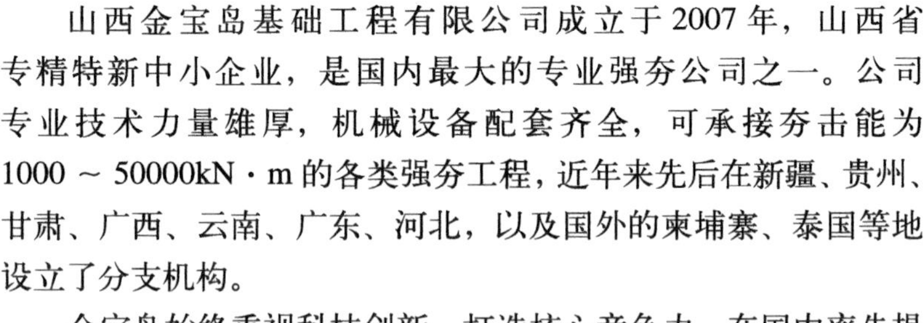

山西金宝岛基础工程有限公司成立于2007年，山西省专精特新中小企业，是国内最大的专业强夯公司之一。公司专业技术力量雄厚，机械设备配套齐全，可承接夯击能为1000～50000kN·m的各类强夯工程，近年来先后在新疆、贵州、甘肃、广西、云南、广东、河北，以及国外的柬埔寨、泰国等地设立了分支机构。

金宝岛始终重视科技创新，打造核心竞争力。在国内率先提出了“以夯代碾，以夯代桩”的绿色低碳地基处理理念，通过强夯处理取消桩基或减少桩长、桩径或桩的数量，为百余项工程节约数亿元资金；通过“夯击能换含水率”，有效解决贫水地区湿陷性黄土地基处理；通过“夯击能换效率”，大大缩短地基处理的施工周期；通过“夯击能换粒径”，有效解决土体颗粒级配差的场地地基处理难题。公司还结合强夯法施工的特点，提出了处理建筑垃圾的施工方法，大大提高了地基承载力，同时有效缓解了我国城市化进程带来大量建筑垃圾造成的社会和生态环境的协调问题。

QHJ30000G强夯机
金宝岛和哈尔滨华特联合开发的
目前国内单杆夯能级最大的强夯机
（夯击能可达25000～50000kN·m）

公司注重科技成果的落地。主编了河南省工程勘察设计行业协会团体标准《填方工程地基处理技术标准》，参编了山西省工程建设地方标准《湿陷性黄土场地勘察及地基处理技术规范》、中国房地产业协会标准《建筑与市政地基基础通用标准》、中国工程建设标准化协会标准《黄土高填方场地与地基技术规程》等多项行业、团体和地方标准，获授权国内外专利二十余项。

公司业务以强夯为核心，有着丰富的地基处理及场平工程设计、施工经验。先进技术与管理的应用，使金宝岛缔造了众多的优质样板工程。自成立以来，强夯业绩已近千项，施工足迹遍布全国二十多个省、自治区、直辖市以及境外的吉尔吉斯斯坦、印度尼西亚、柬埔寨、泰国等国家，涉及电力、水利、煤炭、化工、冶金、道路、机场、码头、城建等多个行业的工程建设，百万平方米以上的工程已完成十余项，以优质、快捷服务受到客户的信赖和好评。

上海市城市建设设计研究总院（集团）有限公司

上海市城市建设设计研究总院（集团）有限公司（以下简称城建设计集团）成立于1963年，是全国6家“三综一甲+施工总承包一级”（国家工程设计综合甲级、工程勘察综合甲级、工程咨询甲级综合资信、城乡规划甲级）设计企业之一，从事工程建设的规划咨询、勘察设计、工程建设、数字化等业务，为工程建设提供全行业、全过程服务。ENR中国工程设计企业排名第30名，获得全国五一劳动奖状、上海市文明单位、金杯公司等多项荣誉称号。

虹梅南路越江隧道

城建设计集团坚持工匠精神的传承和新兴技术的开拓。坚持聚焦技术革新，作为上海市高新技术企业，拥有劳模工作室、博士后工作站等技术创新资源，并设立上海城市雨洪管理工程技术研究中心、上海工业化装配化市政工程技术研究中心、上海有轨电车工程技术研究中心等3个市级研究中心；坚持创新发展理念，为上海市建设行业发展打造了众多优秀勘察设计标志性工程，开创了我国诸多“第一”，如第一条高速公路——沪嘉高速、第一条成系统的城市高架

上海市轨道交通11号线工程

道路——内环线等；持续推动行业发展，荣获国家、部和市级各类奖项千余项，授权各类专利1200多项，是上海市政行业各类标准、规范的引领者之一。在2800多名员工中，硕、博士比例达40%，拥有全国勘察设计大师、全国劳动模范、上海市领军人才、重大工程建设杰出人物等一批业界精英。

城建设计集团旗下包括11家市政基础设施建设全系列的专业设计院和1家总承包部，业务布局全国28个主要城市，拥有23家区域分公司。在道路、交通、桥梁、给水排水与环境工程、轨道交通、城乡规划、建筑园林等领域硕果累累；并在现代有轨电车、智能交通、地下空间开发、城市更新等新兴领域不断创新，走在行业前列。

“十四五”期间，城建设计集团将以“赋能城市、引领未来、幸福生活”为企业使命，坚持“守正创新、精业笃行、兼容并蓄”的价值观，以“成为领先的中国新型智慧城镇设计建设者”为发展愿景，服务全国，逐步走向国际。

珠海马骝洲隧道

上海市轨道交通16号线工程

天津文化中心

上海工程机械厂有限公司

上海工程机械厂有限公司成立于 1921 年，前身为上海工程机械厂。

公司主要从事 TRD 系列工法机、MS 系列双轮搅拌钻机、CRD 系列全回转式全套管钻机、ZLD 系列多轴式连续墙钻孔机、DMP-I 微扰动数字化搅拌桩机、JB 系列全液压步履式打桩架、SPR 系列履带式打桩架、SMJ-120 履带式超高压旋喷钻机、SDP 系列静钻根植工法钻机、DCM 系列海上、陆上处理系统、DRA 系列多功能套管螺旋钻机、D 系列筒式柴油锤、DZ 系列变频电驱振动锤、HM 系列液压打桩锤、PIT 系列压入式竖井搓管机、PJR 系列微型顶管机、SMD 系列低净空钻机等地下基础施工机械产品设计、制造和销售。公司可为高速公路、高层建筑、桥梁、地铁、机场、码头、电站等特大型工程的基础施工提供机械设备和整体解决方案。

公司秉承“专业服务、创造价值”的经营理念，不断创新技术，提高产品质量，在行业内具有较高的品牌知名度和影响力，是我国 TRD 工法机，柴油锤、步履式、履带式打桩架等多个产品的行业标准制定者。

公司产品除提供国内市场外，还出口到北美、欧洲、南美、非洲及东南亚各国，并获得中华人民共和国进出口企业资格证书。产品注册商标为“金菱”牌、SEMW，在市场上享有良好的声誉。

公司产品屡获殊荣，“金菱”牌打桩机多次获得上海市名牌产品和上海市著名商标称号，D 系列超大断面球墨铸铁筒式柴油打桩锤于 2006 年获得上海市科技进步三等奖，TRD-D 工法机和“超深等厚度水泥土搅拌墙成套设备与技术研发及应用”分别于 2016 年、2017 年获得上海市科技进步一等奖和国家科学技术进步二等奖；累计有 JB160A 步履桩架、ZLD180/85-3-M-CS 地下连续墙钻孔机、D220 超大吨位筒式柴油锤、DCM 处理系统、SDP 静钻根植钻机和 TRD-D 工法机等项目通过上海市高新技术成果转化项目认定。

自行研发地下基础施工机械

上海工程机械厂有限公司公司以集中发展地下基础施工机械、实现产品差异化经营策略为企业总体发展战略，建立以企业研发部为主体、市场为导向、产学研相结合的科技创新体系，以产业化为目标，促进科技成果转化、自主创新和培养科技创新人才，开发形成一批具有自主知识产权、核心竞争力强和技术含量高的新一代地下基础施工设备。

本公司目前拥有授权专利72项，其中发明专利35项，实用新型专利37项；软件著作权3项。

公司始终坚持“专业服务，创造价值”的服务理念，力求为客户创造最大经济效益，以客户的最大满意度作为我们的追求目标。

浙江省围海建设集团股份有限公司

浙江省围海建设集团股份有限公司（简称围海股份）成立于1984年，控股股东是宁波舜农集团和东方资产，2011 年在深交所主板上市，总资产近百亿。公司是国内规模较大、专业化程度较高的，城乡建设一体化综合服务商，拥有水利、市政、建筑三项施工总承包壹级、爆破贰级等多个资质，为客户提供工程勘察、设计、施工、科研、设备、管理、咨询等全生命周期的服务。成立40年来，公司相继获得鲁班奖、詹天佑奖、大禹奖、新中国成立60周年百项经典工程奖等上百项荣誉，先后荣获全国文明单位、浙江省优秀建筑施工企业、全国优秀水利企业、全国优秀施工企业等荣誉称号。

公司始终坚持以科技创新引领行业发展，为围海股份实现高质量发展，专门成立科技公司　　宁波高新区围海工程技术开发有限公司，打造“研发平台、成果转化平台、产业化平台”。

宁波高新区围海工程技术开发有限公司致力于攻关数字孪生、绿色材料、智能机械、低碳工艺等核心技术，以“市场共谋、技术共赢、收益共享”的模式，与高校和科研机构紧密合作，深度融合产学研力量，为公司的高质量发展提供强大动力。始终以客户需求为导向，致力于为客户提供专业的服务。作为“软基处理、建筑垃圾及渣土资源化利用、水生境修复和生态治理”等领域的领先科技服务商，公司致力于通过创新的技术和一站式解决方案，满足客户多元化的需求。秉持“科技、环保、生态”的理念，始终追求人与自然和谐共生。以“资源整合、技术共享、合作共赢”为合作模式，与地方政府在“资源化利用”方面展开产业化合作，旨在促进地方经济的可持续发展。

渣土资源化利用技术即通过向高含水率、低强度、成为废弃物的建筑渣土添加依据建筑渣土特性差异和不同用途、采用科学合理配方、先进工艺制成不同规格的环保固化材料，利用专用设备加工处理，使得建筑渣土得到固化，改良渣土性能，成为替代建筑填料、道路填料、水泥碎石稳定层的工程材料。我们的技术优势：

1. 根据不同淤泥的性能和固化土不同用处的要求设计不同的配方方案，使固化的淤泥满足不同的要求；

2. 将已成为有害垃圾的废弃淤泥经过处理变为有用的资源，既解决了渣土等建筑垃圾无处处置问题，又解决了砂石料的建筑材料无处购买问题，节约了资源，保护了环境；

3. 固化材料是一种利用粉煤灰、废石膏等工业废料及水泥等组合成的新型环保材料，走以废治废的创新思路；

4. 适合于我国国情的复合型固化材料，降低固化处理的造价并可产业化推广；

5. 研制出具有自主知识产权的全自动、连续、大处理能力的淤泥固化处理全套设备。

中科院广州化灌工程有限公司

中科院广州化灌工程有限公司由中国科学院广州化学研究所于 1981 年创办，是国内首家以化学灌浆技术应用为主的专业化公司。经过四十多年的建设与发展，公司现已成为集工程施工与设计、材料生产与销售、技术创新与服务为一体的具有专业特色的高新技术企业，是广东省省级专精特新企业。

在工程领域，公司现拥有地基基础工程、防水防腐保温工程、特种专业工程、钢结构工程、装饰装修工程、地质灾害治理工程、环境保护工程等施工资质以及岩土工程、地质灾害治理工程的设计资质。

公司的工程业务遍及建筑、公路、地铁、水利、市政、铁路、矿山、电力、机场、地灾、文物保护等行业。四十多年来先后完成了各种基坑支护与止水帷幕；高层建筑桩基础；建（构）筑物基础与补强结构加固与改造；房屋纠偏与平移；场地软土地基处理；桥梁补强与加固；隧道的涌泥、涌砂和渗漏水治理；路基路面灌浆；坝体坝基防渗堵漏；文物保护等各类工程数千项。

在材料领域，公司依托中国科学院广州化学研究所在高分子材料上的专业优势，以广东省化学灌浆工程技术研究开发中心为平台，在继承的基础上不断地创新和发展，先后研发出了结构加固补强修复系列材料、防渗堵漏系列材料、防水防腐涂料系列材料、隔热保温系列材料等产品，广泛地应用在建筑、水利、公路、铁路、地铁、矿山、核电、文物保护、抢险救灾等工程中的防渗堵漏、加固补强、防水防腐、充填密闭、防护处理等方面。

四十多年来的努力和不断开拓进取，公司取得了一个又一个的荣誉，赢得了同行及社会的赞誉。公司连续数年被广州市工商局授予“守合同重信用企业”、被中国科学院授予“优秀科技企业”等荣誉称号。

未来，公司将一如既往地遵从“诚实守信，和谐共赢”的核心宗旨，秉承“敬业、唯实、求新、协进”的企业精神，信守“品质优良、安全文明”的服务准则，与同行精诚合作，为用户提供更加全面精细的专业服务。

广州塔功能层与钢结构连接处灌浆密封施工

港珠澳大桥珠海连接线拱北口岸隧道注浆试验工程

机械工业勘察设计研究院有限公司

机械工业勘察设计研究院有限公司（简称“机勘院”），始创于1952年，隶属于国机集团（中国机械工业集团有限公司），是国家大型综合性勘察设计企业、一类科研院所。

提供与工程建设相关的规划、咨询、勘察、设计、测量、检测、地灾防治及工程总承包等建设项目全生命周期服务，市场业务遍及全球，已在国内31个省、自治区、直辖市完成30000余项工程，在全球70多个海外国家完成400余项工程。

拥有4位全国工程勘察设计大师，各类专业技术人员800余人，国家级科研平台1个，省级科研平台和创新团队12个，西安市科研平台2个。累计承担了130余项国家及省部级科研项目；荣获各类科技奖励80余项，其中国家科学技术进步奖5项；获各类优秀工程奖260余项，其中国家优秀工程勘察设计奖26项；拥有专利和专有技术240余项，主、参编各类技术标准130余部；出版专著10余部。

机勘院秉承“求实•创新•包容•共享”的企业文化，弘扬“诚信服务、价值创造、创新引领、追求卓越”的核心价值观，坚持“为顾客创造价值”的经营理念、“诚信•感恩•责任•争先•和谐”的团队理念，为工程建设全过程提供卓越服务，为“建设特色鲜明的国际化科技型工程公司”而努力奋斗！

（a）市域社会治理现代化信息平台

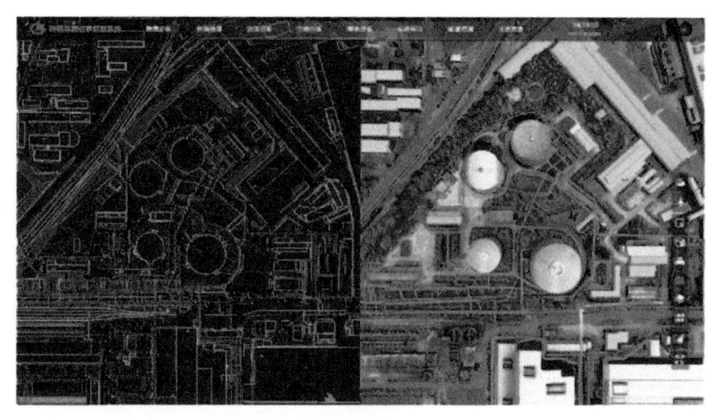

（b）基于GIS的智慧管理平台

（c）智慧园区数字孪生平台

智慧城市平台建设

(a) e 勘察数字服务系统　　(b) BIM+GIS 智慧工地管理平台

数字产品及服务

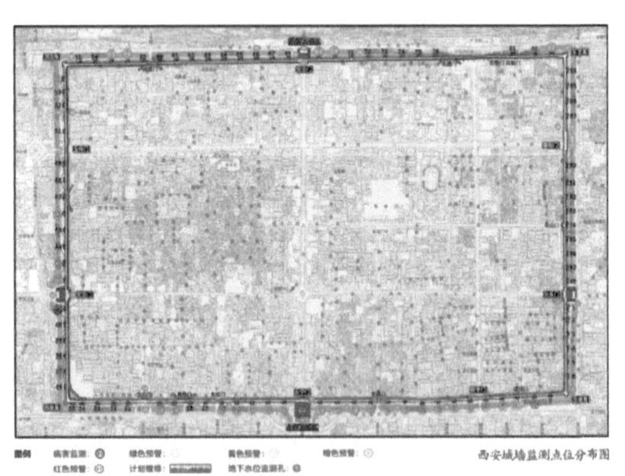

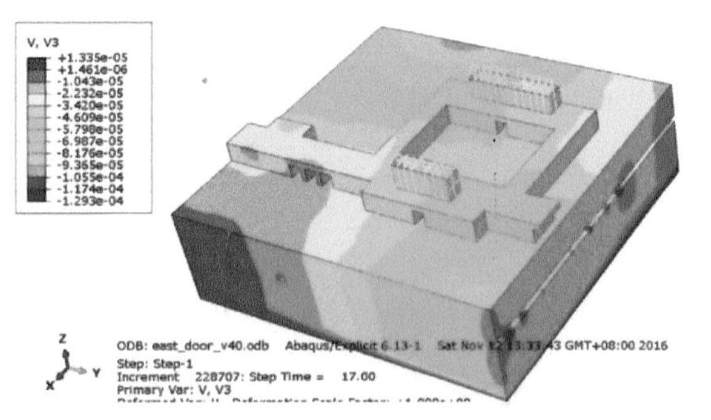

(a) 变形监测四色预警体系　　(b) 振动控制技术（数值仿真模型）

不可移动文物预防性保护

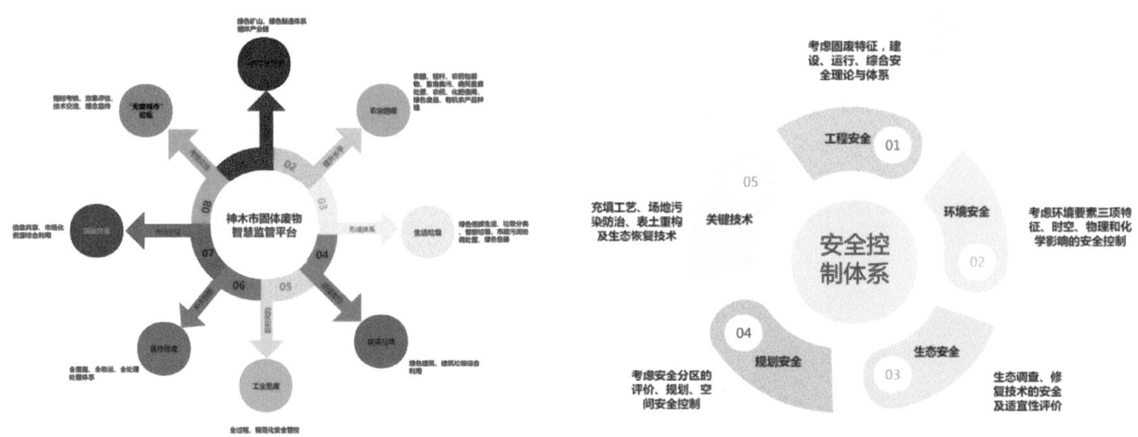

(a) 固体废物智慧监管平台　　(b) 煤基固废协同参与生态修复安全控制体系

生态环境治理和“无废城市”建设

上海渊丰地下工程技术有限公司

上海渊丰地下工程技术有限公司于 2014 年在上海正式成立，凭借着卓越的技术实力与创新精神，迅速成为上海市高新技术、专精特新企业。作为一家集设计咨询、地基基础施工、新材料应用及研发、生态水土治理于一体的环境岩土工程综合服务商，上海渊丰地下工程技术有限公司致力于为客户提供全方位、高品质的工程解决方案。

公司具备建筑工程施工总承包二级、地基基础工程专业承包一级、环保工程专业承包二级、岩土工程设计乙级等多项资质，充分展现了公司在各个领域的专业实力。同时，公司及主要负责人还荣获了国家科技进步二等奖 1 项，省部级科技进步奖 3 项，省部级优秀工程勘察设计奖 2 项。这些荣誉是公司技术实力和创新能力的有力证明。

在知识产权方面，上海渊丰地下工程技术有限公司同样取得了显著成就。公司目前拥有知识产权 56 件，其中发明专利 8 件，实用新型专利 33 件，软件著作权 15 项。这些知识产权的积累，不仅提升了公司的核心竞争力，更为公司在环境岩土工程领域的发展提供了有力支撑。

上海市科学技术奖
证 书
为表彰上海市科技进步奖获得者，特颁发此证书。
获 奖 者：上海渊丰地下工程技术有限公司
奖励等级：二等奖

国家科学技术进步奖
证 书
为表彰国家科学技术进步奖获得者，特颁发此证书。
项目名称：深大长基坑安全精细控制与节约型基坑支护新技术及应用
奖励等级：二等
证书号：2015-J-221-2-01-R07

获奖证明

发明专利证书

发明专利证书

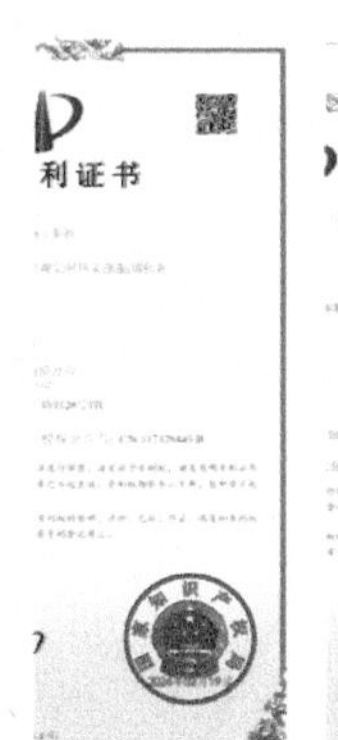

此外，上海渊丰地下工程技术有限公司还积极参与行业相关标准的制定工作，包括上海市标准《基坑工程技术标准》《地基处理技术规范》《微扰动四轴搅拌桩技术标准》《软土地层降水工程施工作业规程》，中国工程建设标准化协会标准《数字化微扰动搅拌桩（DMP工法）技术规程》等标准。这些标准的制定，不仅彰显了公司在行业内的领先地位，更为推动行业技术进步和规范化发展作出了积极贡献。

上海渊丰地下工程技术有限公司长期致力于环境岩土工程绿色低碳技术的开发和应用。公司拥有一支高素质的技术研发团队，汇集了众多优势技术力量，走产学研一体化技术研发路线。通过不断创新和突破，公司成功研发出数字化微扰动搅拌桩技术、智能搅拌桩植桩技术，以及环保新材料等核心技术。这些技术的应用，不仅提高了工程质量和效率，更为推动行业绿色低碳化发展注入了强大动力。

其中，公司研发的拥有自主知识产权的数字化微扰动搅拌桩技术被列为上海市市级工法、上海市建设领域“十四五”重点推广应用新技术目录（第二批），并成功应用于上海浦东机场四期改扩建工程、东方枢纽上海东站项目、广东东莞沙田港四期、广南铁路工程等重特大项目。这些项目的成功实施，不仅为公司带来了巨大的经济效益和社会效益，更为公司赢得了良好的市场声誉和客户口碑。

展望未来，上海渊丰地下工程技术有限公司将继续秉承“创新、卓越、绿色、共赢”的发展理念，不断追求卓越品质和技术创新，积极拓展国内外市场，努力成为环境岩土工程领域的领军企业。我们坚信，在全体员工的共同努力下，上海渊丰地下工程技术有限公司必将迎来更加辉煌的明天！